数値計算のつぼ

二宮市三　編

二宮市三、吉田年雄、長谷川武光、秦野甫世、杉浦　洋、櫻井鉄也　著

共立出版

数値計算ライブラリ「SSLII」は，富士通（株）の製品です．
富士通「Fortran & C パッケージ」は，富士通（株）の製品です．
IMSL は，米国 Visual Numerics 社の商標または登録商標です．
Intel, Intel Fortran Compiler は，米国 Intel 社の商標または登録商標です．
Motorola は，米国 Motorola 社の商標または登録商標です．
Compaq, Compaq Visual Fortran Compiler は，米国 Hewlett-Packard 社の商標または登録商標です．
IEEE は，米国 Institute of Electrical and Electronics Engineers の商標または登録商標です．
Mathematica は，米国 Wolfram Research 社の商標または登録商標です．
MATLAB は，米国 The MathWorks 社の商標または登録商標です．
その他，各製品名は，一般に各社の商標または登録商標ですが，®および TM は省略しています．

まえがき

　漢方医学によれば，人体には四百内外のつぼ（穴道）と称する急所があり，その場所に指圧を加え，針を打ち，灸をすえると絶大な医療効果があるという．同じように諸種の技芸にもつぼがあって，それを体得したものだけが高度の演技を発揮できる．

　本書は数値計算のいろいろな場面にひそんでいるつぼを紹介し，その効能を明らかにしようとするものである．執筆者は，かつて名古屋大学大学院工学研究科情報工学専攻二宮研究室の構成員として，あるいは大型計算機センター研究開発部の職員として，数値計算を理論と実地の両面から研究し，汎用数値計算ライブラリ NUMPAC の開発に協力した面々である．現在それぞれの分野の先頭に立って，研究教育活動を推進している実力者たちである．彼らの健筆によってこの新しい企画，「数値計算のつぼ」が沈滞ぎみの数値計算の学界に，一陣の新風を吹き込むことを期待してやまない．

　なお本書の内容は，名古屋大学大型計算機センターニュース第 127 号（2000年 8 月）以来，7 回にわたって連載され，好評を博した利用者向け講座をもとにして，大幅に修正加筆したものである．同センターに謝意を表する．

　最後に，NUMPAC の開発に協力された南山大学鳥居達生教授，愛知工業大学秦野和郎教授をはじめとする研究者の方々，本書の出版にあたってお世話になった，共立出版株式会社の寿日出男氏と横田穂波氏に厚く感謝する．

平成 15 年 12 月

執筆者代表　名古屋大学名誉教授
二宮　市三

執筆者一覧

二宮　市三（にのみや　いちぞう）
　　（第1章担当）
　　工学博士（東京大学，1961）
1921年　愛知県一宮市に生まれる
1943年　東京帝国大学工学部航空学科機体専修卒業
1947年　名古屋大学工学部助教授
1970年　名古屋大学工学部教授
1985年　同学定年退職，名古屋大学名誉教授
1985年　中部大学経営情報学部教授
1994年　同学定年退職，現在に至る

長谷川武光（はせがわ　たけみつ）
　　（第2章，第4章，第9章担当）
　　工学博士（名古屋大学，1975）
1944年　愛知県名古屋市に生まれる
1967年　名古屋大学工学部応用物理学科卒業
1972年　名古屋大学大学院工学研究科博士課程単位修得満期退学
1973年　名古屋大学工学部助手
1982年　福井大学工学部講師，助教授教授を経て
2006年　福井大学大学院教授，現在に至る

杉浦　洋（すぎうら　ひろし）
　　（第5章，第8章担当）
　　工学博士（名古屋大学，1991）
1952年　三重県鳥羽市に生まれる
1975年　名古屋大学理学部数学科卒業
1981年　名古屋大学大学院工学研究科博士課程情報工学専攻満了
1982年　名古屋大学工学部助手
1992年　名古屋大学工学部講師
1993年　名古屋大学工学部助教授
2004年　南山大学数理情報学部数理科学科教授，現在に至る

吉田　年雄（よしだ　としお）
　　（第3章担当）
　　工学博士（名古屋大学，1976）
1944年　愛知県名古屋市に生まれる
1968年　慶応義塾大学工学部電気工学科卒業
1973年　名古屋大学大学院工学研究科博士課程単位取得満期退学
1973年　名古屋大学工学部助手
1985年　名古屋大学工学部講師
1986年　中部大学工学部助教授
1990年　中部大学経営情報学部教授，現在（工学部）に至る

秦野　甯世（はたの　やすよ）
　　（第7章担当）
　　理学博士（北海道大学，1982）
1944年　静岡県浜松市に生まれる
1967年　奈良女子大学理学部物理学科卒業
1972年　北海道大学大学院理学研究科博士課程単位取得満期退学
1972年　名古屋大学大型計算機センター助手
1986年　中京大学教養部助教授
1991年　中京大学情報科学部教授，現在に至る

櫻井　鉄也（さくらい　てつや）
　　（第6章担当）
　　工学博士（名古屋大学，1992）
1961年　岐阜県岐阜市に生まれる
1984年　名古屋大学工学部応用物理学科卒業
1986年　名古屋大学大学院工学研究科博士課程前期課程修了
　　　　名古屋大学工学部助手
1993年　筑波大学電子・情報工学系講師，助教授を経て
1996年　筑波大学大学院システム情報工学研究科教授，現在に至る

目 次

第1章 数値計算とプログラミング　1
- 1.1 FORTRAN と C 言語 2
- 1.2 整数と実数 2
- 1.3 加減算と乗除算 6
- 1.4 数式と代入文 9
- 1.5 多項式とネスティング 11
- 1.6 同一反復と中間変数 13
- 1.7 標準関数と区間縮小 14
- 1.8 準標準関数と C99 規格 17
- 1.9 ライブラリと NUMPAC 20
- 1.10 必要精度と達成精度 20
- 1.11 まとめ 22

第2章 数値の表現と誤差　23
- 2.1 浮動小数 24
- 2.2 桁落ち 28
- 2.3 総　和 30
- 2.4 混合演算 33
- 2.5 漸化式 34

第3章 関数の計算 — 37

- 3.1 関数の計算とは ... 38
- 3.2 $e^x - 1$, $\log(1+x)$ の計算での注意点 ... 38
- 3.3 公式どおりの計算が危険な例 ... 41
- 3.4 三角関数の計算の注意点 ... 43
- 3.5 ベッセル関数と漸化式 ... 47
- 3.6 交代級数の収束の加速：級数のオイラー変換 ... 50
- 3.7 まとめ ... 53

第4章 補間と数値積分 — 55

- 4.1 補間と数値積分の常識, 非常識 ... 56
- 4.2 補間 ... 57
- 4.3 数値積分 ... 63

第5章 線形計算と誤差 — 73

- 5.1 ガウス消去法 ... 74
- 5.2 逆行列の算法, 反逆行列法論 ... 77
- 5.3 ベクトルの近似と誤差 ... 78
- 5.4 行列の従属ノルムと線形変換の出力絶対誤差評価 ... 79
- 5.5 数値積分精度の頭打ち ... 81
- 5.6 線形変換の相対誤差限界と条件数 ... 83
- 5.7 線形方程式の誤差解析 ... 86
- 5.8 まとめ ... 87

第6章 非線形方程式と反復法 — 89

- 6.1 反復法と不動点 ... 90
- 6.2 ニュートン法 ... 92
- 6.3 反復の停止と多項式の減次 ... 93
- 6.4 関数の近似と反復法 ... 104
- 6.5 多変数連立非線形方程式の解法 ... 107
- 6.6 まとめ ... 108

目 次　　　　　　　　v

第7章　線形最小2乗法　　109
- 7.1　線形最小2乗法とは 110
- 7.2　直線によるあてはめ 111
- 7.3　高次多項式によるあてはめ 117
- 7.4　まとめ 127

第8章　常微分方程式の数値解法　　129
- 8.1　初期値問題 130
- 8.2　数値解法と誤差制御 132
- 8.3　具体的な解法 136
- 8.4　スティッフな微分方程式 139
- 8.5　まとめ 142

第9章　高速フーリエ変換 –FFT–　　143
- 9.1　離散フーリエ変換 –DFT– 144
- 9.2　高速フーリエ変換 –複素FFT– 146
- 9.3　実FFT –RFFT– 150
- 9.4　高速コサイン変換 –FCT– 153
- 9.5　高速サイン変換 –FST– 156
- 9.6　FFTのソフトウェア 157

参考文献　　159

索　引　　167

第1章
数値計算と
プログラミング
~なんにもできない？ いや，なんでもできる！~

本章の目的

　数値計算は紙と鉛筆，あるいは算盤や卓上計算機を使ってもできるが，本章では電子計算機（以後単に計算機という）を使う場合だけを考える．計算機を使って数値計算をするには，その過程を逐一指令するプログラムを書かなければならない．本章では**数値計算**と**プログラミング**について，その限界と可能性を議論する．結論を先にいえば，それがタイトルの副題となる．厳密な意味では，計算機は加減乗除の四則演算さえも，まともには遂行できない．なんにもできないのである．しかし，数値計算を現実の問題解決のための手段と考え，その目的に相応する程度の結果で満足すれば，現在の計算機はほとんど期待を裏切らない．それどころか，時間と労力を惜しまなければ，プログラミング次第で，限りなく高度な要求さえもかなえてくれる．なんでもできるのである．

1.1 FORTRANとC言語 ~Tea Room FORTRAN~[†1]

　計算機発展の初期には，数値計算は機械語，次いでアセンブラを使って行われたが，現在ではもっぱら高級プログラミング言語で行われる．したがって，プログラミング言語を離れて数値計算を語ることは無意味である．種々の数値計算用の言語の中で最も重要なものは **FORTRAN**[2] と **C言語**[4]（その拡張のC++を含む）である．FORTRANは早期に他の言語に先立って創成され，数値計算用の唯一の言語として利用者を独占した．その後AlgolやPascalの出現によって制御構造の不備を非難され，一部の信頼を失ったこともあったが，数次にわたる改革と拡張によって欠陥を解消し，数値計算のみならず記号処理をも扱う巨大言語に成長した．この間に先人たちによって書きためられた膨大な数のソフトウェアは，あるいはライブラリとなり，あるいは世襲財産となって計算社会の中に根を下ろしている．FORTRANが天敵C言語の台頭にもかかわらず，その存在理由をいまだに失わないのはこのためである．一方，後発のC言語は厳格な文法と，豊富な記号体系による融通性を兼備して多大の支持を獲得し，現在ではFORTRANを駆逐しようとする勢いを示している．近い将来において，はたしてFORTRANの絶滅はありうるか？　それともFORTRANは永遠に不滅か？

　本書では実例のために主にC言語を，補助的にFORTRANを利用する．読者にはC言語の予備知識を期待したい．

1.2 整数と実数 ~神は整数のみを作り給うた——クローネッカー~

　計算機の内部で情報は，数値，文字，命令のいずれも，究極の単位，ビットから成る2進データである．これらをそのまま表記すると，0と1だけから成る冗長な記録となり，非常に読みにくい．そのために4ビットずつをまとめてブロックとし，その値 0～15 を一つの記号で表す **16進表示** が用いられる．そのとき，0～9 には10進法と同じ数字を使い，10以上は無造作に定

[†1] かつて，名古屋市に実在した喫茶店．

1.2 整数と実数

められた a=10, b=11, c=12, d=13, e=14, f=15 を使う．またメモリ容量や情報量を計るための単位として，8 ビットを意味する**バイト**を用いている．

数値データには**整数**，および**実数**の二つの形式がある．整数は主に回数や番号を表すためのもので，以前は 16 ビットのものが使われ，将来は 64 ビットになる情勢であるが，当分は 32 ビットが主流である．プログラミング言語における整数の型宣言は FORTRAN では integer，C 言語では int である．一般に n ビット整数の中で先頭ビットが 0 のものが**正数**と 0 を，1 のものが**負数**を表す．正数 $m < 2^{n-1}$ の**補数** $-m$ は $2^n - m$ で表す．加減乗除の演算は 2^n を法として，すなわち 2^n の倍数を無視して行われるので，必ずしも正確ではない．また結果が不正確でも，警告メッセージが出ないので注意を要する．除算の結果は商の整数部分を表すので，剰余がない場合しか正しくない．除数が 0 のときは被除数に関係なく**ゼロ割り**のエラーとなる．

特徴的な三つの 32 ビット整数 -1，最大数 $M = 2^{31} - 1$，最小数 $N = -2^{31}$ の内部表現を，書式指定子 %08x を使った printf 文による 16 進表示で見てみよう．0x は 16 進定数[4] の意味の C 言語の記号である．

```
       -1 = 0xffffffff
M = 2147483647 = 0x7fffffff
N =-2147483648 = 0x80000000
```

最大数 M と最小数 N は非対称である．N は不思議な数である．最小であって最大より大きく，負数であって正数でもあり，零でなくて同時に零である！

$$M + 1 = N, \quad -N = N, \quad N + N = 0$$

しかし，これらは 2^{32} を法とする合同式[†2]と解釈すればすべて正しい．

本書の主眼である，科学技術計算に用いられるのは実数[†3]である．現在あらゆる計算機で例外なく採用されている，**IEEE 方式**の詳細な記述は第 2 章にゆずり，ここでは実数の内部表現の大要を説明する．実数データ R を**符号部** S，**指数部** E，**仮数部** M に分けて次のように解釈する．

[†2] $a - b$ が m で割り切れるとき $a = b \pmod{m}$ と書き m を法とする合同式という．
[†3] 小数点の位置が指数表示で表されているために，浮動小数点数または浮動小数（第 2 章）ともいう．

$$R = (-1)^S \times 2^{E-B} \times (1+M)$$

ただし 0.0 はすべてのビットが 0 であるが，上式を適用しない．S は先頭の 1 ビットで，0 は正数，1 は負数を表す．次の E は 2 の冪指数をバイアス B だけ，かさ上げしたものである．これは負の指数を符号なしで許容するための工夫である[†4]．最後の M は 1 未満の 0 または正の 2 進小数である．1 + M の 1 は陽に現れることなく**隠れビット**と呼ばれる．10 進相当精度は，仮数部のビット数に隠れビットの 1 を加え，$\log_{10} 2 \simeq 0.30103$ を掛けて得られる．3 種類の規格化実数のビット構成は次表のとおりである．

表 1.1 実数データのビット構成

方式（バイト）	R	S	E	M	B	精度
単精度 (4)	32	1	8	23	0x3f8(127)	7.22
倍精度 (8)	64	1	11	52	0x3ff(1023)	15.95
4 倍精度 (16)	128	1	15	112	0x3fff(16383)	34.02

以上の 3 種類の中で普通に使用されるのは**倍精度**[†5]である．**単精度**は 7 桁の精度しかないので，小規模の計算でない限り誤差の増大に耐えきれない恐れがある．たとえ必要精度が低くても倍精度を使えば安全で，メモリ容量と計算時間の増加は問題にならない．倍精度でも極度に悪条件の問題では同様の危惧があり，そのために **4 倍精度**があるが，まだ十分利用されてはいない．

これらの実数に対するプログラミング言語の型宣言は次のとおりである．

FORTRAN：real(real*4), double precision(real*8), real*16
C 言語：　　float, double, long double

実数データの内部表現をいくつかの実例で見てみよう．

単精度数の内部表現の実例：（書式 %08x の printf 文で出力できる）

$$1.0 = \text{0x3f800000}$$
$$-3.0 = \text{0xc0400000}$$

[†4] 指数部のビット数とバイアスの値から当然指数の値に限界がある．詳細は第 2 章にゆずる．
[†5] 計算機が低速で，メモリが貴重であった時代の名残．高精度を思わせるその名称は実状に合わない．

指数部の末尾が 16 進表示の 3 桁目の先頭ビットの位置にくるので考えにくい．指数部は実際の 8 倍に，仮数部は 2 分の 1 に見える．-3.0 では符号は c の先頭の 1，指数は 0x400 からバイアス 0x3f8 を引き 8 で割って 1，仮数部は 2 倍して 0.5 である．結局，$R = (-1)^1 \times 2^1 \times (1 + 0.5) = -3.0$ となる．
倍精度数の内部表現の実例：(書式 %08x %08x の printf 文で出力できる)

$$0.1 = \text{0x3fb99999 0x9999999a}$$
$$0.01 = \text{0x3f847ae1 0x47ae147b}$$

0.1 では符号は 0，指数は 0x3fb-0x3ff$= -4$ である．仮数部は 9 が 12 桁続き，13 桁目で a に変わっている．9 が循環するとすれば，初項 9/16，公比 1/16 の無限等比級数となる．その和に隠れビット 1 を加え，2^{-4} を掛けて 1/10 を得る．0.01 では符号は 0，指数は 0x3f8-0x3ff$= -7$，仮数部は隠れビットを含めて 0x147ae が 2 回くり返され，3 回目は 0x147b0 である．0x147ae が循環するとすれば，初項 $83886^{\dagger 6}/16^4$，公比 $1/16^5$ の無限等比級数となる．その和に 2^{-7} を掛けて 1/100 が出てくる．どちらもわずかに大きい近似値になっている．以上の結果を，ヒントにより確認されよ．ちなみに，倍精度数はメモリ内の連続した 2 個の 32 ビットデータに割りつけられており，Motorola 系では自然の，Intel 系では逆の順序になっている．

さて，既約化して，分母に **2 以外の素因数が現れる有理数 Y = A/B** は，規格化実数ではないことを証明しよう．まず，任意の規格化実数 R は，奇数 K と 2 の冪 P を用いて，R = K/P と表されることを確認する．事実に反して Y = R，すなわち AP = BK と仮定する．ここで B が偶数の場合は適当な 2 の冪で，B と P を除したものを改めて同じ記号で表して，B が奇数の場合に還元する．奇数 $B \neq 1$ の分母を持つ Y は整数ではない．よって R も整数ではない．したがって，$P \neq 1$ である．ゆえに，左辺 AP は偶数，右辺 BK は奇数となり矛盾である．(証明終り)

実際には K と P に大きさの制限があるので，計算機内部で正確なのは，あまり大きくない整数や，ビット数の多くない 2 進小数などである．特に 2 の

$^{\dagger 6}$ 0x147ae$=(((1 \times 16 + 4) \times 16 + 7) \times 16 + 10) \times 16 + 14 = 83886$ （1.5 節ネスティング法参照）

冪は乗除算で全く誤差を生じない最良の常数である．しかし 10 進表示では多数の桁を要し，一見して大きさがつかめない．一方，変数の刻み幅として不可欠な，0.1 や 0.01 などの 10 の負冪は分母に素因数 5 を要し，実例で見たとおり近似値になる．痛しかゆし！

1.3 加減算と乗除算 〜差別と平等〜

　実数データの**加減算**と**乗除算**は本質的に異なる．加減算は同種のデータの積算や比較であるが，乗除算は複数のデータから新種のデータを作り出す演算である．被演算数はその絶対値に関係なく**平等**に演算に参加する．結果の桁数が規格を越えれば**丸めの誤差**が起きるが，乗除算だけでは誤差は急増せず単に緩慢に累積するにとどまる．その意味で乗除算は安全な演算である．ただしオーバーフロー，アンダーフロー，ゼロ割りに注意を要する．

　これに対する加減算の論理を次の記法で解析する．$=$：相等；$\leftarrow$：代入；$\uparrow, \downarrow$：1 の増減；$<, >$：左右 1 ビットシフト；$\neg, \vee, \wedge$：否定，論理和，論理積；$\Rightarrow$：分岐．1 ビット変数 X に対して X $=$ 1, X $=$ 0 を X, $\neg$X と書く．X $\{\Delta\}$ で X 成立時の Δ の実行，(X) $\{\Delta\}$ で X 成立中の Δ の反復を表す．

還元　被演算数の一方が 0 の場合と結果が 0 となる場合は即刻処理する．その他の場合は 2 数の絶対値 $a \geq b$ の加減算に還元し，その結果に絶対値 a を持つ数の符号 S をつけて終了する．

準備　a, b の仮数部 M の左に検査ビット T $\leftarrow$ 0 と隠れビット H $\leftarrow$ 1，最下位ビット U の右に**保護ビット** G $\leftarrow$ 0 を加えて**無符号整数** A, B とする．減算は B を**補数化**し（ビットごとに反転し，1 を加え）て加算に還元する．a の指数部を E，a, b の指数部の差を D とする．**桁合わせ**のために，検査ビットを補充しつつ B を D ビット右に**算術シフト**する．脱落ビットの論理和を L，最上位ビットを K，その他の論理和を N とする．加減算の論理を支配する諸変数の配置を次の変数表に示す．

符	指数部	検	隠	仮数部 M					保	脱落部 L	
S	E	T	H	*	*	*	*	U	G	K	N

1.3 加減算と乗除算

演算 A ← A + B. 先頭に提示された条件が成立する分枝に分岐する.
(1) T（桁上がり）{L ← G ∨ L, A >, E↑} ⇒ (2)
(2) H（丸め）{G ∧ (L ∨ U)（切り上げ）{A↑, T{A >, E↑}}} ⇒ (5)
    G = 1, L = 0 の場合は U = 1 のときに切り上げる. すなわち結果が U = 0 となるように丸める. これは丸めが偏らないための工夫で, **偶数丸め**と呼ぶ. 切り上げで桁上がりがあるときは U = 0 であるから, 右シフトで G = 0 となり, 二度と切り上げは起こらない.
(3) ¬H ∧ L（桁下がり）{A <, E↓, G ← K, L ← N} ⇒ (2)
(4) ¬H ∧ ¬L（桁落ち）{(¬H) {A <, E↓}} ⇒ (5)
(5) （結果）{A から T, H, G を除去し, 先頭に S, E を付加する.}

実例：Pentium IV による倍精度加減算の実験例を解析する. 諸変数は変数表に準じて配列し, E と M は 16 進, その他は 2 進表示する.

例 1. $1.0 + 0.1$：16 進表示とその出力方法は 1.2 節参照.
(1) A = 01 0000000000000 0   E = 3ff
(2) B = 01 999999999999a 0   D = 4 {4 ビット右算術シフト}
(3) B = 00 1999999999999 1 010   {A ← A + B}
(4) A = 01 1999999999999 1 010   {G ∧ L（切り上げ）A↑}
(5) A = 01 199999999999a 0   {終了}
(6) 結果 3ff199999999999a > 3ff1999999999999 ··· = 1.1

例 2. $2^{54} - 1$：pow(2.0,54)-1.0 と計算. D = 54 = M の長さ + 2.
(1) A = 01 0000000000000 0   E = 435
(2) B = 01 0000000000000 0   D = 54 {補数化}
(3) B = 11 0000000000000 0   {54 ビット右算術シフト, H → K}
(4) B = 11 ffffffffffffff 1 10···   {A ← A + B}
(5) A = 00 ffffffffffffff 1 10···   {¬H（桁下がり）{A <, E↓}}
(6) A = 01 ffffffffffffff 1   E = 434 {G ∧ U（偶数丸め）A↑}
(7) A = 10 0000000000000 0   {T（桁上がり）{A >, E↑}}
(8) A = 01 0000000000000 0   E = 435 {終了}

(9) 結果 4350000000000000 = 2^{54} > 2^{54} − 1　泰山鳴動鼠消滅！

例3. 2^{54} − s, 1 < s < 2 : D = 54. 例2と同様な経過をたどる．
(1) 相違点はBのHの動き：(2) M ≠ 0, (3) H = 0, (4) K = 0, (5) K = 0, (6) G = 0 と移動し，結局切り捨てで終了．
(2) 結果 434ffffffffffffff = 2^{54} − 2 < 2^{54} − s

例4. $355/113 − \pi$: 355.0/133.0-atan(1.0)*4.0 と計算．1.4節参照．
(1) A = 01　921fb78121fb8　0　　E = 400
(2) B = 01　921fb54442d18　0　　D = 0 { 補数化 }
(3) B = 10　6de04abbbd2e8　0　　{A ← A + B}
(4) A = 00　0000023cdf2a0　0　　{¬ H (桁落ち) {A <, E ↓} 23 回 }
(5) A = 01　1e6f950000000　0　　E = 3e9 { 終了 }
(6) 結果 3e91e6f950000000 ≃ 2.667641894049666E−07 （10進出力）
23ビットの桁落ち．被演算数はともに近似値のため結果は誤差を含み，その精度は 53 − 23 = 30 ビット（10進約9桁）未満である．
(7) 4倍精度計算による3数の値は次のとおり．
3.1415929203 5398230088 495575221 ≃ 355/113
3.1415926535 8979323846 264338328 ≃ π
0.0000002667 6418906242 231236893 ≃ $355/113 − \pi$

　上述のように，加減算の被演算数は絶対値の大小に応じて**差別**を受ける．小さい数は桁合わせのとき指数差だけの右シフトを受け，仮数部の一部または全部を失い，残った部分だけが演算に参加する．これを**情報落ち**[†7]といい，**丸めの誤差**の原因である．指数差が0（または1）の近接した数の減算では，仮数部上位に空白を生ずる（ことがある）．これを**桁落ち**という．この場合，保護ビットの存在と左シフトにより情報落ちは起こらない．したがって，もし被演算数に誤差がなければ結果は正確である．桁落ちが危険なのは，上部の有効桁を消し，既存の誤差を下部から浮上させて増幅するからである．実数データは前方から桁落ちの直撃，後方から丸めの侵蝕を受けて劣化してい

[†7] 通人は積み残しといい，完全な情報落ちを満員通過または玄関払いという．

く．前門の虎，後門の狼！　その対策は第2章と第3章で詳細に述べられる．

　加減算の丸め誤差を防ぐことは不可能だが，回復することは次のようにして可能である．倍精度数 a と b の和と丸め誤差を，二つの倍精度数 s と r を使って表すためのプログラムの断片を示そう．ただし $|a| \geq |b|$ と仮定する．

── **Program 1.1**　四手和 ──────────────
```
double a,b,r,s;
s = a + b;
r = (a - s) + b;
```

$s = a + b_0$

a	b_0	
	b_0	$b_1 (= r)$

　最初の加算 $s = a + b$ によって s には a と，b の参加部分 b_0 の和が入る．減算 $a - s$ は正確で $-b_0$ を復元する．次の減算 $b - b_0$ も正確で，情報落ち b_1 をとらえ r に送る．この計算は a と b の符号に関係なく正しいが，仮定 $|a| \geq |b|$ に反したり，計算順序を変えると目的を達成できない．また s と r は，加算の丸めが切り捨てなら同符号，切り上げなら異符号となるが，互いに排反で加え合わせても反応しない．結局，a と b の和を，**排反**な s と r の和で正確に表したことになる．この技巧は筆者が実際の必要にせまられて，独自に開発したもので，第2章の補償つき総和法とは同じ原理に基づく．2数がレジスタ上にある状態から，4ステップのアセンブラ命令を要するので，将棋の四手角[†8]にちなんで**四手和**と命名した．関数プログラムなどで，倍精度演算で超倍精度計算を行うための強力な武器となった．

1.4　数式と代入文　〜骨折り損のくたびれもうけ〜

　あるプログラムの中で半径 r の半円の面積 $s = \frac{1}{2}\pi r^2$ を計算するための代入文を例として，初学者のおちいりやすい誤りをとり上げ，同時に一般的に

[†8] 矢倉囲いなどで，左辺にいて働きのない角を，稲妻型に四手掛けて右辺に移動する戦法．

有効なプログラミング技法についても述べる．

(1) 先頭に $\frac{1}{2}$ がくる数式は非常に多い．これを 1/2 と書くと整数の除算と解釈されて 0 になってしまう．実数計算の中で，整数の定数や変数を使う**混合演算**は，コンパイラの解釈の問題や余計な整数実数変換を導入するので感心しない．先頭の $\frac{1}{2}$ はわざわざ計算することはない．後続の項を直接 2.0 で割ればよいのだが，ここは絶対に 0.5 を掛けるところである．除算は乗算より 2 倍以上遅い．同じ効果を挙げるのに，複数の手段があるときは，**最小費用**のものを選ぶべきである．同じ理由で，頻出する $2x$ には x*2.0 の代わりに x+x を強くすすめる．

(2) 円周率 π を数値で書くのに，3.0 は論外として 3.14 や 3.1416 ではだめである．倍精度なら 3.1415926535897932 と書くべきである．ものぐさをして精度のむだ使いをしてはいけない．しかし π に限らず，常数の値を多数桁書くのは誤りの原因である[†9]．計算機に一度だけ計算させた値を適当な変数に貯え，必要に応じてそれを引用するのが賢明である．π は標準関数を使って pi=atan(1.0)*4.0 と計算する．

(3) 問題は**冪乗**である．FORTRAN には ** という冪乗の記号があるが，C 言語にはない．その代わりに pow(a,b) という関数があって，a と b のところになにを書いても a^b が計算される．それなら r^2 は pow(r,2.0)，あるいは pow(r,2) と書くのか．元来 a^b は b が正の整数なら，b 個の a の積を，実数なら $\exp(b \log a)$ を意味する．しかし r^2 は $r \times r$ に過ぎないから，素朴に r*r と書くのが最小費用の原則に合う．pow を使う方法には関数呼び出しの出費があり，前者はさらに二つの関数呼び出しを要し，時間の浪費と精度の損失を招く．C 言語に冪乗の記号がないのは，冪乗が演算子ではなく鈍重な関数であることを教え，その乱用を抑制するためであろうか．実際，冪乗そのものはめったに必要ではない．実数指数の場合は特にそうである．指数が 1/2, 1/3 の場合は，それぞれ平方根，立方根として特別に扱われる．整数指数の場合は，2 乗や 3 乗なら直接乗算を用い，多項式や冪級数は規則性を利用して，全体とし

[†9] かつて，2π の数値の 10 桁目の書き間違いが発見できなくて苦労したことがある．

て効果的に処理される（1.5, 1.6節）．
以上により例題の解答は pi=atan(1.0)*4.0; s=pi*r*r*0.5; となる．

1.5 多項式とネスティング～征知らずに碁を打つな～[10]

多項式は微分積分が容易で，しかも見やすい最も有用な数式である．n 次多項式 $\sum_{i=0}^{n} c_i x^i$ を数式どおり計算すると，$n(n+1)/2$ 回の乗算と n 回の加算が必要である．ところがこの多項式を n 回の乗算と加算で計算できるネスティング法[11]があり，プログラマーはそれを決まり文句として丸覚えすべきである．簡単のために 4 次式 $c_4 x^4 + c_3 x^3 + c_2 x^2 + c_1 x + c_0$ で説明しよう．

(1)　左括弧を 3 個書き並べ，次に c4*x+c3 と書く．(((c4*x+c3
(2)　)*x+c2 と書き加える．(((c4*x+c3)*x+c2
(3)　)*x+c1 と書き加える．(((c4*x+c3)*x+c2)*x+c1
(4)　)*x+c0 と書き加える．(((c4*x+c3)*x+c2)*x+c1)*x+c0

上の説明から一般原理は明らかであろう．また最後の式が正しいことも，次のように視覚的にわかるはずである．左右の括弧を内部から一対ずつ外して行くと，部分式が頭から次第に成長して，目的の多項式が視野に出現する．この方式の長所は，降冪の順の計算をよどみなく与えている点にある．もしも逆順に c0+x*(c1+x*(c2+x*(c3+x*c4))) と書けば，結果として同じ計算が行われることになるが，乗算と加算の優先順位に逆らっているので，非常にぎこちない計算になりかねない．応用例として区間 $[-\pi/4, \pi/4]$ で，$\sin x$ と $\cos x$ を**最良近似式**[12]によって，並列に計算する関数プログラムを示す．

---

[10] 征（しちょう）は次々に当たりの続く囲碁の基本手筋．たたみかける感じがネスティングに似ている．
[11] ホーナー法とも呼ばれるが，ここでは括弧の入れ子模様を彷彿とさせるこの名称を用いる．
[12] 同形式の多項式の中で近似区間内の最大誤差を最小にするもの．実用近似式は当然近似的に最良．

―― **Program 1.2** 三角関数の並列計算 ―――――――――――――

```
void pscn(double x,double* vs,double* vc){
    static double s1=-1.66666666666666148e-01;
    static double s2= 8.33333333332000244e-03;
    static double s3=-1.98412698284021298e-04;
    static double s4= 2.75573132990150557e-06;
    static double s5=-2.50507058463788755e-08;
    static double s6= 1.58941363719521538e-10;
    static double c1=-5.00000000000000000e-01;
    static double c2= 4.16666666666664525e-02;
    static double c3=-1.38888888888611069e-03;
    static double c4= 2.48015872838868285e-05;
    static double c5=-2.75573130991394983e-07;
    static double c6= 2.08755825397587204e-09;
    static double c7=-1.13533870072005455e-11;
    double u=x*x;
    *vs=((((((s6*u+s5)*u+s4)*u+s3)*u+s2)*u+s1)*u*x+x;
    *vc=((((((c7*u+c6)*u+c5)*u+c4)*u+c3)*u+c2)*u+c1)*u+1.0;
}
```

関数値が二つあるので，ルーチン名 pscn は void と宣言されている．引数 x に対する関数値は**ポインタ**[4] vs, vc を経て返される．すべての係数は**静的変数**[4] と宣言されている．単なる倍精度の宣言では，関数呼び出しのたびに係数の値の代入がくり返されて不能率である．二つの式のどちらも降冪の順に，項の増大順に計算している．これは第 2 章で理論的に解明される**弱者優先の原則**に合致する．余弦 vc の式では，最後の 1.0 を加えるときに存在していた丸めの誤差は，最大でも 0.31 以下の小さな値の末尾にあるので，誤差のない 1.0 を加えたときの情報落ちに吸収されてしまう．結局，最後の 1 回の丸めの誤差しか残らない理想的な計算である．正弦 vs の式は本来なら

```
vs=(((((s6*u+s5)*u+s4)*u+s3)*u+s2)*u+s1)*u+1.0)*x
```

となるところであるが，このままでは余弦と同様の経過の後で，さらに x の掛け算による丸めが入る．これをプログラムのように書き直せば，最後の x を加えたときの丸めの誤差だけしか残らなくなる．仕上げは**寄せ算**で！

1.6 同一反復と中間変数～反復は言語学習の母～

数値計算の極意は，できる限り計算量を少なくすることである．計算量が少なければ時間も誤差も少なくなる．これを実現するためには，**同一計算の反復**を徹底的に排除する必要がある．そして，それは**中間変数**[13]の適切な運用によって始めて可能となる．

上述の原則が，どのように実行されるかを示す具体例として，冪級数展開を使って正弦積分[1] を許容誤差以内の誤差で計算する関数を作ろう．

$$\mathrm{Si}(x) = \int_0^x \frac{\sin t\, dt}{t} = x \sum_{k=0}^{\infty} \frac{(-1)^k x^{2k}}{(2k+1)!(2k+1)} = x\left(1 - \frac{x^2}{3!3} + \frac{x^4}{5!5} - \cdots\right)$$

(1) 無限級数は昇冪の順に計算する．部分和 `sum` に初項以外の一般項 `term` を加えて，収束するまで更新する．初項を最後に処理するのは，前節で述べた丸め誤差軽減のためである．

(2) `term` を，その都度丸ごと計算するのは，同一反復の禁を犯すことになる．なぜならどの項の計算にも，その途中に直前の項の計算がほとんどそのまま含まれているからである．

(3) 最善の方策は，`term` に次の項との比を乗じて更新することである．ところが比は $-x^2(2k-1)/(2k(2k+1)^2)$ で，あまり簡単ではない．

(4) そこで `term` の代わりに，一般項から分母の $2k+1$ を除いたものを表す変数 `tm` を設ける．今度は前後比は $-x^2/(2k(2k+1))$ となる．その代わりに一般項は `tm/(2*k+1)` に変わる．

(5) 総和の指標 k を for 文の制御変数と項の更新に使うと混合演算になり，むだな整数実数変換が入る上に，同じ `2*k` という計算が反復される．そこで $2k+1$ を実数化した `tk1` を for 文の制御と項の更新に使う．

(6) 項の符号を変えるためには，実数の -1.0 を掛けるのではなく，**単項演算子** `-` を使う．x^2 を毎回計算しないために中間変数 `xx` を使い，ついでに単項演算子も取り込んで `xx=-x*x` とする．

(7) for 文の判定部を空白にして，その代わりに `sum` の更新の直後に収束判定を入れる．判定が成立すれば for ループから脱出する．

---

[13] 目的の数値に直接関係しないが，途中の過程で必要な変数．

(8) 以下は計算の流れを滑らかにするための，一般に通用する技巧である．同じ値の複数個の変数への代入には**多重代入文**を使う．更新計算には**代入演算子**(+=, -=, *=, /=)を使う．積の中の因子，および和の中の項の書き順は，複雑なものから先に書く，**複雑優先**の原則にしたがう．

───── **Program 1.3** 正弦積分の計算 ─────
```
double si(double x,double eps){    /* x:引数 eps:許容誤差   */
    double sum,term,tm,tk1,xx;     /* 変数の倍精度宣言      */
    xx=-x*x;sum=0.0;tm=1.0;        /* xx,sum,tm の初期化    */
    for(tk1=3.0;;tk1+=2.0){        /* tk1:2*k+1 の実数化    */
        tm*=xx/((tk1-1.0)*tk1);    /* 項の更新（複雑優先）  */
        term=tm/tk1;               /* 一般項                */
        sum+=term;                 /* 部分和の更新          */
        if(fabs(term)<eps) break;  /* 収束判定,fabs必須     */
    }
    return sum*x+x;                /* 丸め誤差の削減        */
}
```

　正弦積分はいわゆる整関数で収束半径は無限大である．理論的には $|x|$ がどんなに大きくても収束する．しかし実際問題としてはそうはいかない．$|x|$ が小さいうちは収束も速く丸め誤差も小さいが，$|x|$ が大きくなるにつれて次第に収束は遅く誤差も大きくなり，ついにはげしい振動とともに破局が訪れる．この辺の事情は，第2章および第3章で詳しく論ぜられる．

　ちなみに，正弦積分などの特殊関数を計算するための実効的なプログラムは，ライブラリ NUMPAC[8, 10] に豊富に用意されている．

1.7　標準関数と区間縮小～アキレスの踵～[14]

　科学技術計算では必ずなにがしかの数学関数を使用する．その要求に応じて言語処理系は基本的な諸関数を**標準関数**として提供している．FORTRAN

---

[14] アキレスはトロイア戦争で，ギリシア軍随一の武勇と駿足で知られる英雄．一騎打ちで仕留めた，敵の総大将ヘクトルの弟パリスの矢に，不死身でない唯一の場所，踵を貫かれて戦死する（ホメロス：イリアス）．

1.7 標準関数と区間縮小

は従来から実数と複素数の両方について，単精度用と倍精度用のセットを備え，しかも規格外の多数の関数を用意している処理系[2] もある．これに対し，C言語処理系は倍精度用の最小限のセットしか用意していない．

さて，現在すべての処理系に，最大公約数的に準備された関数は，**指数関数系**（指数関数，三角関数，双曲線関数）と**逆関数系**（平方根，対数関数，逆三角関数）に集約できる．どの関数も，それぞれの**標準区間**内では近似式を用いて計算される．しかしそれ以外の領域では，直接に近似式を用いることはできないので，加法定理を使って引数を標準区間内に還元する．これを**区間縮小**という．区間縮小の実際の方法は処理系によって異なるが，その原理は同じである．指数関数系では引数から周期母数の整数倍を引き去ることになるので桁落ちが起き，引数の誤差が増幅される．これが標準関数最大の弱点である．以下各メンバーについて典型的な計算法の概略を述べる．

(1) **平方根** (sqrt)：最も使用頻度の高い重要な関数．以前はニュートン法（第6章）で計算され，そのための出発近似に関する研究が行われた[5]．現在はハードウェア化されていて，むしろ演算子というほうがふさわしい．計算速度も除算なみの高速である．これは除算を2変数関数，平方根を除数と商が一致する1変数の除算と考えれば納得できる．$x^{1/2}$ は pow(x,0.5) ではなく，必ず sqrt(x) と書くべきである．

(2) **指数関数** (exp)：引数 x の除数 $\log 2$ による整商を N，剰余を t とすると，区間縮小の変換は $t = x - N \log 2$ である．指数法則により，$\exp x = 2^N \exp t$ となる．したがって，$\exp x$ は標準区間 $[0, \log 2]$ 内の近似式による，$\exp t$ の計算値の指数部に整数 N を加えて得られる．桁落ちの計算 $t = x - N \log 2$ で，乗算 $N \log 2$ の丸めの誤差を無視できる程度に削減するためには，超倍精度計算[†15]が必要である．このようにしても，なお x の固有の誤差の桁落ちによる増幅を防ぐことはできない．

(3) **双曲線関数**(sinh, cosh, tanh)：標準関数としての認知度が低い上に，$\sinh x = (e^x - e^{-x})/2, \cosh x = (e^x + e^{-x})/2$ というふうに，簡単

[†15] 詳細は本書の範囲を越えるので省略する．

に指数関数で表されるために軽視されやすい．しかし上式どおりに計算すると，原点近傍では $\sinh x$ と $\tanh x$ で桁落ちが起き，大引数ではオーバーフロー直前の値で指数関数がオーバーフローする．標準関数では原点近傍で近似式を用い，オーバーフロー直前では，たとえば $e^x/2 = e^{x-\log 2}$ などの工夫を使って，これらの問題を解決している．

(4) **三角関数**(sin, cos, tan)：引数 x を 4 半周期 $\pi/2$ で割った商を整数に丸めて N とし，剰余を t とする．区間縮小変換は $t = x - N\pi/2$ である．N を 4 で割った商を q，剰余を r とし，$N = 4q + r$ とおく．$x = t + 2q\pi + r\pi/2$ であるから，周期の整数倍 $2q\pi$ は省略できて，$\sin x = \sin(t + r\pi/2)$, $\cos x = \cos(t + r\pi/2)$ となる．加法定理を使って $\pi/2$ の整数倍の項を除去すれば，結局 $\sin x$ と $\cos x$ の値は標準区間 $[-\pi/4, \pi/4]$ 内で，Program 1.2 の近似式で計算される，$\sin t$ と $\cos t$ の値を使って，表 1.2 のように表される．

表 1.2　三角関数の値の分布

r	0	1	2	3
$\sin x$	$\sin t$	$\cos t$	$-\sin t$	$-\cos t$
$\cos x$	$\cos t$	$-\sin t$	$-\cos t$	$\sin t$

区間縮小における計算上の問題については，指数関数の場合と同様の議論が成り立つ．引数の固有の誤差の桁落ちによる増大は防ぐことができない．正接 tan についての同様な区間縮小の問題は省略する．

(5) **対数関数**(log, log10)：自然対数とともに常用対数が用意されている．これは実数の値を印刷するために不可欠な，2 進 10 進変換の重要性による．引数は元来 $x = 2^E m$ の形であるから，$\log x = \log m + E \log 2$ となり，$\log x$ の計算は標準区間 $[1, 2]$ 内の $\log m$ の計算に帰着する．さらに標準区間内では零点 1 からの距離 $t = m - 1$ を使って，$\log(1+t)$ の近似式による計算に帰着する．$t = m - 1$ で桁落ちが起こるので，1 の近傍に計算上の困難がある．

(6) **逆三角関数**(asin, acos, atan, atan2)：すべて多価関数の主値を与える．加法定理による区間縮小の記述は省略する．asin と acos の

分岐点 1.0 と -1.0 の近傍では本質的な困難がある．atan2 は唯一の 2 変数関数で，atan2(y,x) と書くと x–y 平面上の点 (x,y) の偏角 $-\pi < \tan^{-1}\dfrac{y}{x} \leq \pi$ を与え，しかも $x = 0.0$ の場合も正しく処理する便利な関数である．ぜひとも利用すべきである．

1.8 準標準関数と C99 規格 ~$1 - e^{i\pi} = 2$~[†16]

標準関数に準ずる重要性を持ち，標準関数の弱点を補うために用意されるべき関数を**準標準関数**[6,7] という．以下，その主なメンバーを略述しよう．

(1) **立方根 (cbrt)**：平方根に比べて，はるかに重要度は低い．しかし標準関数の範囲では，pow(x,1.0/3.0) と書かねばならず不能率である．関数ルーチンでは，第 6 章で説明されるニュートン法か，または 3 次収束の反復法が使われる．

(2) **逆双曲線関数 (asinh, acosh, atanh)**：$\sqrt{x^2 + a}$ の形の 2 次無理関数の有理式の不定積分として現れる関数．$\sinh^{-1} x = \log(x + \sqrt{1 + x^2})$, $\cosh^{-1} x = \log(x + \sqrt{x^2 - 1})$, $\tanh^{-1} x = \dfrac{1}{2}\log\left(\dfrac{1+x}{1-x}\right)$ のように対数関数で表されるために軽視されているが，これらを数式どおり計算すると，$\sinh^{-1} x$ と $\tanh^{-1} x$ では，絶対値の小さい引数に対して桁落ちが起きる．本項の関数では近似式を用いて桁落ちを防止している．

(3) **log1p, expm1**：1 の近傍で精度良く対数関数を計算しようとして，小さい x を使って log(1+x) と書いても，x の情報落ちのために成功しない．この困難を回避するのが log1p 関数である．p は plus の意味である．この逆関数が expm1 で，expm1(x) と書くと $e^x - 1$ を桁落ちなく精度良く計算する．m は minus の略である．第 3 章には本項の関数について詳細な説明があるので参照されたい．

(4) **2 底指数関数，2 底対数関数 (exp2, log2)**：指数関数の計算上の困難

[†16] e と π の代わりに 2 を使おう！

は，底 e の代わりに 2 を用いることにより克服できる．$\text{exp2(x)} = 2^x$ では，区間縮小は x の整数部分と小数部分を分離するだけですみ，簡単で正確である．計算のためなら断然 2 底指数関数が優れている．しかし引数固有の誤差の影響がなくなるわけではない．`log2` は逆関数．

(5) **象限三角関数**(`sinq, cosq, tanq`)：直角単位の角度に対する三角関数を象限三角関数という．すなわち

$$\text{sinq(x)} = \sin\frac{\pi x}{2},\ \text{cosq(x)} = \cos\frac{\pi x}{2},\ \text{tanq(x)} = \tan\frac{\pi x}{2}$$

関数名の q は象限の英語 quadrant の頭字．通常の三角関数の半周期が無理数 π であるのに対して，象限三角関数の半周期は整数 2.0 で，区間縮小は簡単で正確である．しかし標準区間 $[-1/2, 1/2]$ では $\sin\dfrac{\pi x}{2}$ と $\cos\dfrac{\pi x}{2}$ を計算しなければならず，$\pi/2$ の近似誤差と x との乗算の誤差に問題があるように思われる．しかしこの困難は，あらかじめ 4 倍精度演算を用いて作られた近似式を用いることで解消する．周期性は厳格に保持され，たとえば `sinq` は引数が整数なら正確に 0.0 となる．科学技術計算では，引数の因子に π を含む三角関数が用いられることが多く，この場合に普通の三角関数を使って，`sin(pi*x)`, `cos(pi*t*0.5)` などと計算するのは非能率である．それこそ，`pi` の近似誤差に乗算の誤差がまともに加わる．象限三角関数を利用して `sinq(x+x)`, `cosq(t)` と計算するのが合理的である．習慣にとらわれて，数値計算においても通常の三角関数にこだわる，**食わずぎらい**を改めたいものである．しかし象限三角関数の使用によっても，引数固有の誤差の影響が解消しないのはいうまでもない．

(6) **逆象限三角関数**(`asinq, acosq, atanq, atanq2`)：象限三角関数の逆関数．すなわち

$$\text{asinq(x)} = \frac{2}{\pi}\sin^{-1}x,\ \text{acosq(x)} = \frac{2}{\pi}\cos^{-1}x,\ \text{etc.}$$

(7) **度三角関数**(`sind, cosd, tand`)：度単位の角度に対する三角関数を度三角関数という．すなわち

1.8 準標準関数とC99規格

$$\mathrm{sind}(x) = \sin\frac{\pi x}{180},\ \mathrm{cosd}(x) = \cos\frac{\pi x}{180},\ \mathrm{tand}(x) = \tan\frac{\pi x}{180}$$

関数名の d は度の英語 degree の頭字．度三角関数の周期は整数 360 で，区間縮小は簡単で正確である．標準区間は $[-45, 45]$ である．科学技術計算では度三角関数が用いられることも多く，このような場合に引数をラジアンに変換して普通の三角関数を使うのは，象限三角関数の場合と同じ理由により，不能率である．

(8) **逆度三角関数**(`asind, acosd, atand, atand2`)：度三角関数の逆関数．すなわち

$$\mathrm{asind}(x) = \frac{180}{\pi}\sin^{-1}x,\ \mathrm{acosd}(x) = \frac{180}{\pi}\cos^{-1}x,\ \mathrm{etc.}$$

(9) **ガンマ関数とその対数**(`gamma, lgamma`)：特殊関数の冪級数展開の係数としてよく現れる．非常に計算の困難な関数．

$$\mathrm{gamma}(x) = \Gamma(x) = \int_0^\infty t^{x-1}e^{-t}dt,\ \mathrm{lgamma}(x) = \log\Gamma(x)$$

(10) **誤差関数，余誤差関数**(`erf, erfc`)：熱伝導や拡散問題に現れ，正規分布関数と密接な関係がある．計算は困難．

$$\mathrm{erf}(x) = \frac{2}{\sqrt{\pi}}\int_0^x e^{-t^2}dt,\ \mathrm{erfc}(x) = \frac{2}{\sqrt{\pi}}\int_x^\infty e^{-t^2}dt$$

本節で述べた準標準関数は，筆者らが構築したライブラリ NUMPAC[8, 10] や富士通 FORTRAN[2] などで利用できるが，まだ十分に普及したとはいえない．ところが 1999 年になって，C 言語に新しく **C99 規格**[3] が制定され，そこには実数と複素数の両方に単精度，倍精度，4 倍精度のすべてに対して多数の関数がとり入れられた．その中には，本節のほとんど全部の関数が含まれている．長年の念願 [6, 7] がようやく実現の運びとなったわけだが，象限，度の両三角関数が全然無視されているのは残念である．しかもこの規格に完全に準拠している処理系[11]はまだ非常に少数である．速やかな改善が待望される．

1.9 ライブラリとNUMPAC〜餅は餅屋〜

　科学技術の研究には多くの**定形的**な計算問題がある．たとえば，連立1次方程式，固有値解析，代数方程式，数値積分，微分方程式，特殊関数，フーリエ解析，実験データの処理などがその実例である．このような計算問題を的確に処理するソフトウェアを収集，整理，統合して利用者に公開したものを**数値計算ライブラリ**という．計算機メーカが提供しているライブラリや，世界的に有名ないくつかのライブラリがその好例である．

　本書の執筆者が構築した**NUMPAC** (Nagoya University Mathematical Package)[8, 10] は公開以来すでに約20年を経過し，その豊富で卓越した内容は内外からの高い評価を獲得している．関数部門には前節の準標準関数のすべてが最初から完備している上に，他のライブラリには類例のない多数の特殊関数が配備されている．また線形計算，数値積分，フーリエ解析，データ処理などの分野には斬新で独創的なプログラムが集められ，利用者に強力な手段を提供している．ウェブサイト**NetNUMPAC**[10]にアクセスすれば，マニュアル，テストプログラムなどの詳細な情報を検索することができ，ソースプログラムをダウンロードすることも可能である．

　しかし，NUMPACにも問題がないわけではない．すべてのメンバールーチンがFORTRANで書かれているために，最近著しく増加の傾向にある，C言語志向の利用者には非常に使いにくい．この状況を解消するには，コンパイラやリンカの改善による，両言語プログラム間の接続の円滑化が当面の対策として望ましい．しかしながら，抜本的な解決策はC版NUMPACの整備以外にはない．今後に残された大きな課題である．

1.10 必要精度と達成精度〜一度だけではわからない！〜

　いったい数値計算の結果の**必要精度**はいくらか？　何桁合っていたらよいのか？　πの何億桁という計算は例外として，現実問題で倍精度の16桁の精度を必要とすることはまずありえない．16桁の精度は，月面上の1cmの物体を地球上から識別する分解能をはるかに凌駕するものである．**精度は3桁**

1.10 必要精度と達成精度

あればよいという議論をよく聞く．しばしば数値計算の目的は，たとえば金属材料の電気抵抗の温度依存性のように，ある数量の他の数量（一般に複数個）への依存関係を求めることにある．したがってその結果は，紙面またはCRT上に描かれたグラフで表される．筆記具の先端の太さや，CRT画面のピクセルの密度を考えれば，3桁の精度を持つデータは文句のつけようのない滑らかな曲線に乗ることになる．ところがもっと過激な話を物性物理学者から聞かされた．いわく，**オーダーが合えばよい！**．10倍以内の食い違いは我慢できるというのである．ともかく，実際に必要な精度は意外に低いのではあるまいか．

数値計算ルーチンには通常，**要求精度を許容誤差や収束判定規準**として与える変数がある．小さい量なので普通 eps の名で呼ばれる．eps をいくらにしたらよいかは，結構むつかしい問題である．経験によると，計算者はどうも不当に小さい値を与える傾向がある．eps が小さ過ぎると，実際目的のためには十分な結果が得られているにもかかわらず，判定規準が厳し過ぎるために無限反復の泥沼におちいりかねない．必要精度を見きわめた上で，2, 3桁程度の余裕をとるぐらいが妥当であろうか．

必要精度以上に頭を悩ますのは**達成精度**である．得られた結果は正しいか？何桁まで信用できるか？　基礎の理論や，類似の問題を解いた経験から見当がつくこともある．またライブラリ・プログラムによっては，誤差の推定値を出力するものがあって，おおよその精度を推測できることもある．しかしもう少し確信の持てる判断はできないものか？

この問題を解決するための一つのアイデアは**区間演算**である．計算に登場するあらゆる数値を，その存在区間で代表させ演算ごとに区間を更新していく．計算が進むにつれて区間は次第に膨張する．終了後に，目的の数値の区間が十分狭ければよいが，必ずしもうまくいくとは限らない．途中で，0 に近い数値を除数とする割り算があると，商を表す区間は爆発的に広がってしまう．もう一つの明らかな難点は，時間がかかり過ぎることである．現状では，区間演算はまだ実用の域に達していないと思われる．

これに対して，もう少し実際的な方法に**精度縮小法**[2] がある．同じ計算を二度くり返す．ただし二度目は，あらゆる数値データの末尾の，指定可能な，

少数のビットを強制的に 0 にして，わざと精度を縮小した上で反復する．2 回の計算で，一致する部分を信頼できるものと結論する．コンパイラ[2] に，精度変更の機能が与えられているので，利用者は単に精度縮小の指示をするだけでよい．

　数値計算の大きな部分が，方程式を解く問題によって占められている．一般に複数個の方程式を満足する，複数個の数値の組が求められる．このとき計算者が本当に必要としているのはなにか？　方程式を精度良く**満足**させることで足りるのか，あるいは未知の**真の解**そのものでなければならないのか？ この差違を明確に区別し，真の目的を見きわめることが肝要である．なぜなら両者は必ずしも一致しないからである．相互に非常にかけ離れていながら，同じように精度良く方程式を満足する，無数の解が存在することも稀ではない．この場合，どの解も同様に有用な解であると認めるかどうか？ Program 1.2 に現れたような，**最良近似式**を求める問題は，そういう状況の好例である．最良近似式の存在と一義性は解析的に証明されている[9]．しかし実際に作られる近似式では，低次の係数はほとんど変化しないが，高次の係数は，初期値や計算の順序のわずかな変更によって大きく変動する．しかしどの解も等しく最良条件を満足しており，実用的に等価値である．

1.11　まとめ

　数値計算とプログラミングについて，つねづね考えているところを述べた．実数の加減算の流れをたどり，情報落ち，丸め誤差，桁落ちの発生する現場をつきとめ，その影響を強調した．プログラミングでは，数学の慣用にとらわれない，純粋に数値計算の視点から，最小費用，弱者優先，複雑優先の三原則を主張し，同一計算の反復を排除するための中間変数の的確な運用を例示した．標準関数とその弱点，それを補う準標準関数の存在を紹介した．なんにもできない計算機を，なんでもできるようにするために，役立つ工夫と努力を，できる限り多くとり上げたつもりである．その中から今日まで，日の目を見なかった**つぼ**を，一つでも多く発見されるよう念願してやまない．

第2章
数値の表現と誤差
~$0.1 \times 10 \neq 1$~

本章の目的

計算機 (Pentium III 550MHz[†1]) で 0.1 を単精度計算で 1000 回加えると 100 にならない. 結果は 99.999046··· となる. 10000 回たすと結果は 999.90289··· である. ところが, 0.5 を 1000 回あるいは 10000 回加えた結果は各々正確に 500.00000··· と 5000.0000··· である. なぜこんな違いが起こるのか. 本章では, 計算機で数値計算をするとき, このような数学(算数?)の結果とは異なる現象とその原因, 知っていると得することなどを述べる.

> Almost all numerical computing uses
> floating point arithmetic, and
> almost every modern computer implements
> the IEEE binary floating point standard.
> — Michael L. Overton (2001) —

[†1]Pentium は Intel 社の CPU.

2.1 浮動小数 〜巨大数から微小数まで〜

コンピュータ（計算機）上で表現できる数値（実数，複素数）全体の個数は有限個である．その数値は 10 進数ではなく 2 進数であり，さらに桁数は有限桁（したがって，ほとんどの場合には近似値）である．一方，数学ではすべての実数（と複素数）を（10 進数として無限桁まで正確に）扱う．このことが数学の結果とコンピュータでの計算結果の違いの主な原因となる．

それでは，計算機上で数値は具体的にどのように表現されるだろうか．ここでは IEEE 標準[†2]の内で IEEE754[13, 16] の数値表現を説明する．計算機上で数は 2 進数（0 と 1 のみの組合せ，各々の 0 あるいは 1 をビットと呼ぶ）で表現される．たとえば，10 進数の 13 と 0.5625 は 2 進数では各々1101 と 0.1001 である．一方，非常に大きい数や小さい数を表現するために，たとえば 10 進数では 1.602×10^{-19}（電子の電荷）と書く．これを浮動小数と呼ぶ．計算機上では次のように 2 進の浮動小数で数 y が表現される．

$$y = \pm S \times 2^e \equiv \pm d_1.d_2 \cdots d_t \times 2^e \quad (d_i = 0 \text{ または } 1)$$

$d_1.d_2 \cdots d_t$ を仮数（significand あるいは mantissa），e を指数（exponent）と呼んでいる．e も計算機内部では 2 進数で表現されている．その表現できる範囲は $e_{\min} \leq e \leq e_{\max}$ である．正規化表現 (normalized number) では $d_1 \neq 0$，すなわち $d_1 = 1$ と約束するので，通常は d_1 を明示的に表さない（hidden bit，隠れビット）．したがって 1 ビット分節約している（けち表現）．

2.1.1 単精度と倍精度

計算機は，符号，仮数，指数のビット表現によって，単精度と倍精度の 2 種類の浮動小数表現を実現している．単精度では，一つの浮動小数を 32 ビットで表現し，仮数に 24 ビット，指数に 8 ビット，符号に 1 ビット割り当てる．$24+8+1=33$ となるが，けち表現で仮数の 1 ビット分は節約しているので，全体で 32 ビットである．指数 8 ビットで表現できる整数 k は 10 進

[†2] W. M. Kahan（カリフォルニア大学，Berkeley）は IEEE 浮動小数演算標準 754 と 854 に対する功績で ACM Turing 賞 (1989) を受賞した．

2.1 浮動小数

数なら $k = 0, \cdots, 255$ である．これを $e = k - 127$ (biased exponent と呼ぶ) として e の範囲を $e_{\min}(= -126) \leq e \leq e_{\max}(= 127)$ にしている．$e_{\min} - 1(= -127)$ と $e_{\max} + 1(= 128)$ は別の目的に使用する（後述）．

これより，単精度で表現できる絶対値最大の数 M は $M \approx 3.4 \times 10^{38}(= 2^{e_{\max}+1})$，絶対値最小の数 m は $m \approx 1.2 \times 10^{-38}(= 2^{e_{\min}})$ である．M 以上の数あるいは m 以下の数を表現しようとすると，オーバーフローあるいはアンダーフローと呼ばれる異常が発生する．計算結果にアンダーフローが発生すると，その値は，符号に応じて ± 0 あるいは $\pm m$ または subnormal number（後述）にセットされ引続き計算が続行される．オーバーフローでは，値は $\pm M$ か無限大 ($\pm \infty$) にセットされる．

浮動小数 1.0 とそれより大きい隣の浮動小数との差を ε（マシンイプシロンと呼ぶ）で表す．単精度では $\varepsilon = 2^{1-24} = 2 \times (5.96 \cdots \times 10^{-8})$ である．これは単精度数の表現能力の分解能を意味する．すなわち，1.0 と $1.0 + \varepsilon$ の間の数は表現されないことになる．一方，数 1.0 とそれより小さい隣の数との距離は $\varepsilon/2$ である．一般に，ある浮動小数 y とその隣の浮動小数との距離は最小で $\varepsilon|y|/2$，最大で $\varepsilon|y|$ である．浮動小数 y の値によりこの距離が変動する (wobbling) ことを意味している．ある浮動小数とその隣の浮動小数の間の実数 x を表現したいとき，このどちらかの浮動小数で近似することになる．たとえば，10 進の 0.1 は 2 進単精度では正確に表されず，$1.10011001100110011001101 \times 2^{-4}$ で近似される（10 進の 0.5 は 2 進で正確に 1.0×2^{-1}）．その距離が小さいほうの浮動小数で実数 x を近似することを**丸め**（この標準の丸めモードを自分で変更することは可能である．たとえば距離が大きいほうへ，GNU Scientific Library[18] 内の IEEE Floating-point arithmetic[19] を参照）と呼ぶ．このとき，丸めによる誤差（距離）は $\varepsilon|x|/2$ 以下である．そこで $u = \varepsilon/2$ を丸めの単位 (unit roundoff) と呼ぶ．単精度では $u = 5.96 \cdots \times 10^{-8}$ である．

単精度の有効桁数は 2 進で 24 桁（10 進に換算して 7 桁強）である．これより有効桁数を大きく表現したい，あるいは $3.4 \cdots \times 10^{38}$ より大きい数を使いたい，$1.1 \cdots \times 10^{-38}$ より小さい数を表したいときには，倍精度表現を利用すればよい．倍精度数は 64 ビットで表現され，指数 11 ビット，仮数 53 ビット（したがって有効桁数は 10 進で 16 桁弱）使用する．指数が 11 ビット（0

から 2047 まで）だから $e_{\min} = -1022$ と $e_{\max} = 1023$ とする．したがって，最小数は $m = 2.22\cdots \times 10^{-308}$，最大数は $M = 1.79\cdots \times 10^{308}$ である．倍精度のマシンイプシロンは $\varepsilon = 2.22\cdots \times 10^{-16}$ ($u = 1.11\cdots \times 10^{-16}$) である．

単精度と倍精度の他に拡張単精度と拡張倍精度が定義されている．表 2.1 にこれらをまとめて示す．使用している自分の計算機のこれらのデータを知りたいとき，ルーチン machar[12] を実行すればよい．これは

http://www.netlib.org/toms/665

からダウンロードできる．

表 2.1　IEEE754 の数値表現

	単精度	倍精度	拡張単精度	拡張倍精度
全体	32 ビット	64	43 以上	79 以上
仮数	24 ビット	53	32 以上	54 以上
指数	8 ビット	11	11 以上	15 以上
$e_{\min}$	-126	-1022	-1022 以下	-16382 以下
$e_{\max}$	127	1023	1023 以上	16383 以上
有効桁数	7 桁強	16 弱	9 強以上	19 強以上
u	5.96×10^{-8}	1.11×10^{-16}		
m	1.2×10^{-38}	2.2×10^{-308}		
M	3.4×10^{38}	1.8×10^{308}		

2.1.2　特殊な数

IEEE754 標準では，指数が $e_{\max}+1$ と $e_{\min}-1$ の二つの場合はいくつかの特殊な数を表現するために用いられる．ゼロは仮数 S の隠れビット (1) 以外がすべて 0 で指数が $e_{\min}-1$ で表現される．これに符号 $\pm$ を付け $+0$ と -0 が定義される．すなわち，± 0 は 2 進数表現で $\pm 1.0 \times 2^{e_{\min}-1}$ である．同様に $\pm\infty$ は $\pm 1.0 \times 2^{e_{\max}+1}$ である．

$$y = \pm 1.d_2 \cdots d_t \times 2^e \quad (d_2 + \cdots + d_t \neq 0)$$

で $e = e_{\max}+1$ なら $y =$ NaN (Not a Number) である．$e = e_{\min}-1$ なら数 $0.d_2 \cdots d_t \times 2^{e+1}$ を表現する．このタイプの数 (subnormal number と呼

ばれる）は最小数 m と 0 の間に等間隔に配置された数 (gradual underflow) である．

2.1.3 丸め方式と浮動小数演算

実数 x を計算機上で表現した近似値（浮動小数）を $\mathrm{fl}(x)$ と書けば，2.1.1 項で定義した丸めの単位 u を用いて

$$\mathrm{fl}(x) = x(1+\delta) \quad (|\delta| < u)$$

と表される．このとき，$|x\delta|$ は誤差 $|x - \mathrm{fl}(x)|$ であり，$|\delta|$ は相対誤差 $|(x - \mathrm{fl}(x))/x|$ を表す．

次に演算（加減乗除）を行ったときの結果がどのような浮動小数で近似されるかみてみよう．一般に，二つの同じ精度の浮動小数同士の演算の正確な結果はこの精度の浮動小数では表されない．たとえば，10 進 2 桁の浮動小数同士の乗算 $(9.9 \times 10^1) \times (1.4 \times 10^{-2}) = 1.386 \times 10^0$ の結果は 10 進 4 桁である．2 桁に丸めると 1.4×10^0 で近似される．しかしこのためには，一時的に計算結果が保護桁 (guard digits) を使用して 3 桁以上（2 桁 + 保護桁）で表現される必要がある．保護桁を使用しないと計算結果の相対誤差は丸めの単位 u を越えて大きくなってしまう．たとえば，10 進 3 桁の二つの数 $(1.00 \times 10^0$ と $9.99 \times 10^{-1})$ の減算で保護桁を使用すると

$$1.00 \times 10^0 - 9.99 \times 10^{-1} = 1.000 \times 10^0 - 0.999 \times 10^0 = .001 \times 10^0 = 1.000 \times 10^{-3}$$

と正しい結果が得られる．一方，保護桁なしでは

$$1.00 \times 10^0 - 9.99 \times 10^{-1} = 1.00 \times 10^0 - 0.99 \times 10^0 = .01 \times 10^0 = 1.00 \times 10^{-2}$$

となり，相対誤差 (9.0) は丸めの単位 (5.0×10^{-3}) を大きく越えてしまう．そこで，実際の計算機では保護桁（2 進で 2 ビット + 1 sticky ビット）を使用して，たとえば二つの浮動小数 x と y の加算の結果 $\mathrm{fl}(x+y)$ は以下のように書かれる：

$$\mathrm{fl}(x+y) = (x+y)(1+\delta) \quad (|\delta| \leq u)$$

減算，乗算，除算も同様である．

ある計算機（Intel の Itanium chip，IBM RISC/6000 など）では，乗算と加算 $x*y+z$ をあたかも一つの浮動小数演算命令のように実行し，その計算結果が

$$\mathrm{fl}(x*y+z) = (x*y+z)(1+\delta) \quad (|\delta| \leq u)$$

と表されるものがある (Fused Multiply-Add，FMA) [15, 16]．この命令を有効に使用することは計算速度と精度の両面で有利である．

2.1.4　例外演算 (arithmetic exceptions)

IEEE 標準には5種類の例外演算がある．不正 (Invalid) 演算，オーバーフロー，ゼロ割り，アンダーフロー，不正確 (Inexact) の5種類の演算を定義している．不正演算は $0/0$, $0\times\infty$, $\sqrt{-1}$ などであり，その結果は NaN である．ただし，0^0 を計算すると $0^0 = 1$ となる．ゼロ割りの結果は $\pm\infty$ である．

2.1.5　見掛けのオーバーフロー

たとえば $\sqrt{x^2+y^2}$ ($|y|\leq |x|$) や $x/(x^2+1)$ の値を計算しよう．$|x|$ (および $|y|$) の値が倍精度の最大数 $M = 1.79\cdots\times 10^{308}$ と $\sqrt{M} = 1.33\cdots\times 10^{154}$ の間の数の場合，結果が M 以下の値であっても，計算を実行すると x^2 の値が最大数 M を越えてオーバーフローが発生する．このような見掛けの発散を避けるためには，以下のように

$$\sqrt{x^2+y^2} = |x|\sqrt{1+(y/x)^2}, \quad x/(x^2+1) = 1/(x+x^{-1})$$

式変形を行った後に計算を実行すればよい．

2.2　桁落ち～近い数は相性悪い～

保護桁のない減算では相対誤差が大きくなることを 2.1.3 項で示した．ここでは，大きさがほとんど同じ2数の差を計算するとき有効桁が大きく失われる現象の例を二つ示す．

単精度で $13-\sqrt{168.9}$ を計算すると，結果は $3.84712\cdots\times 10^{-3}$ である（イ

タリック体の数は真値と異なる桁を示す)．真値は $3.8467229722163452\cdots \times 10^{-3}$ だから，相対誤差は 1×10^{-4} である．$13-\sqrt{168.9} = 13-12.9961528\cdots$ だから，減算の 2 数の上位 4 桁分の値が一致している．したがって，この分だけ有効桁が失われることになる．対策は減算を回避することである．式変形

$$13 - \sqrt{168.9} = 0.1/(13 + \sqrt{168.9})$$

により右辺を計算すると結果は $3.84672312\cdots \times 10^{-3}$ で，相対誤差は 4×10^{-8} である．左辺の計算で失われた約 4 桁の有効桁が右辺の計算では保持されている．

別の例を示す．テーラー展開

$$\exp(x) = 1 + x/1! + x^2/2! + x^3/3! + \cdots$$

で $\exp(5) = 148.4131591\cdots$ を計算すると，20 項で $148.413162\cdots$ となり，その相対誤差は 2.1×10^{-8} である．さて，同様にしてテーラー展開の式に $x = -5$ を代入して

$$\exp(-5) = 1 - 5/1! + 5^2/2! - 5^3/3! + \cdots$$

$\exp(-5) = 6.737946999085467\cdots \times 10^{-3}$ の近似値を計算できるであろうか？　表 2.2 の第 2 列はテーラー展開で $\exp(-5)$ を計算した結果である．展開項数が少ないと近似値の符号が交代して全く真値とは異なる結果となる．25 項目で相対誤差は 7×10^{-5} である．これ以上項数を増しても誤差は減少しない．単精度の丸めの単位は 6×10^{-8} だから，3 桁分精度が悪くなっている．この原因は交代級数で大きさが同程度の数の減算がくり返され，桁落ちが生じているためである．この桁落ちを避けるには減算を回避することである．すなわち $\exp(5)$ をテーラー展開で計算し逆数にする．表 2.2 の第 4 列はこのようにして計算した結果である．第 25 項で相対誤差は 1.4×10^{-7} となる．これ以上は項数を増しても誤差は減少しない．蛇足として，$\exp(1)$ をテーラー展開で計算し $1/\{\exp(1)\}^5$ とすれば展開の収束が早く，より少ない項数で精度の良い結果を得ることもできる．

表2.2 テーラー展開で $\exp(-5)$ の計算

項数	$\exp(-5)$	相対誤差	$1/\exp(5)$	相対誤差
1	$-4.000000000\mathrm{E}+00$	5.9E+02	$1.666666716\mathrm{E}-01$	2.4E+01
2	$8.500000000\mathrm{E}+00$	1.3E+03	$5.405405536\mathrm{E}-02$	7.0E+00
3	$-1.233333397\mathrm{E}+01$	1.8E+03	$2.542372793\mathrm{E}-02$	2.8E+00
4	$1.370833397\mathrm{E}+01$	2.0E+03	$1.529636700\mathrm{E}-02$	1.3E+00
5	$-1.233333397\mathrm{E}+01$	1.8E+03	$1.093892381\mathrm{E}-02$	6.2E−01
6	$9.368055344\mathrm{E}+00$	1.4E+03	$8.840321563\mathrm{E}-03$	3.1E−01
7	$-6.132937431\mathrm{E}+00$	9.1E+02	$7.774898317\mathrm{E}-03$	1.5E−01
⋮	⋮	⋮	⋮	⋮
14	$2.445618808\mathrm{E}-02$	2.6E+00	$6.739471108\mathrm{E}-03$	2.3E−04
15	$1.118892804\mathrm{E}-03$	8.3E−01	$6.738411728\mathrm{E}-03$	6.9E−05
⋮	⋮	⋮	⋮	⋮
24	$6.737477146\mathrm{E}-03$	7.0E−05	$6.737946067\mathrm{E}-03$	1.4E−07
25	$6.737458054\mathrm{E}-03$	7.3E−05	$6.737946067\mathrm{E}-03$	1.4E−07

2.3 総　和～大きな数が小さい数を蹴散らす～

2.3.1 計算順序

浮動小数演算では数学の結合則 $(a+b)+c = a+(b+c)$ が成立しない．たとえば，単精度演算で $a = 1 \times 10^{30}$, $b = -1 \times 10^{30}$, $c = 1$ を代入すると，正しく $(a+b)+c = 1.\times 10^0$ であるが，一方，$a+(b+c) = 0.\times 10^0$ である．原因は $b+c$ の計算で $c=1$ に比べて $b = -1\times 10^{30}$ の値の大きさ $|b|$ が大きいので $b+c = b$ となり誤った結果となるからである（c の情報が失われた）．ところが，$a+b$ では a と b が同じ大きさなので正しく $a+b = 0$ となる．上の例は極端な場合だが，大きさが異なる数同士の加減算ではやはり**情報落ち**が発生する危険がある．すなわち，計算順序により結果の値とその精度が異なるので，高い精度の結果が得られるよう順序を考慮しなければならない．これに関連して多くの数を総和する場合に注意すべきことを以下に述べる．

2.3.2 小より大に向かって

総和
$$S = a_1 + a_2 + \cdots + a_n$$
を精度良く計算するにはどうすればよいであろうか．表2.3の第2列から5列には，計算例
$$S_n = \sum_{i=1}^{n} \frac{1}{i(i+1)} = \frac{1}{2} + \frac{1}{6} + \cdots + \frac{1}{n(n+1)}$$
を2通りの順，前進 ($i = 1, 2, \cdots, n$) および逆進 ($i = n, n-1, \cdots, 1$) で計算した結果とその誤差を示す．表2.3から逆進（小さい値 $1/(n(n+1))$ から大きい値 $1/2$ へ）で和を計算するほうが，前進（大きい値 $1/2$ から足し始める）の結果より誤差が小さいことがわかる．この理由を調べよう．

表 2.3 総和の計算結果，順序による精度の違い

n	前進	誤差	逆進	誤差	Kahan	誤差
10	0.9090909 *96*	8.7E−08	0.909090 *877*	3.3E−08	0.9090909 *36*	2.7E−08
110	0.99099 *1414*	4.2E−07	0.99099099 *6*	5.4E−09	0.99099099 *6*	5.4E−09
210	0.995260 *954*	2.9E−07	0.9952606 *56*	7.6E−09	0.9952606 *56*	7.6E−09
310	0.996784 *747*	1.8E−07	0.99678456 *8*	1.9E−09	0.99678456 *8*	1.9E−09
410	0.99756 *7177*	2.7E−07	0.9975669 *38*	2.8E−08	0.9975669 *38*	2.8E−08

実際 $S = \displaystyle\sum_{i=1}^{n} a_i$ の浮動小数演算は，2項ずつの和
$$s_2 = \mathrm{fl}(a_1 + a_2) = (a_1 + a_2)(1 + \delta_2),$$
$$s_3 = \mathrm{fl}(a_3 + s_2) = (a_3 + s_2)(1 + \delta_3),$$
$$\vdots$$
$$s_n = \mathrm{fl}(a_n + s_{n-1}) = (a_n + s_{n-1})(1 + \delta_n)$$
によって実行される[17]．ここで $|\delta_i| < u$ ($2 \leq i \leq n$) である．丸めの単位 u の値は小さいので u の2次以上を無視することにすれば，最終的に計算値 s_n の誤差は

$$S - s_n \approx -a_1(\delta_2 + \cdots + \delta_n) - a_2(\delta_2 + \cdots + \delta_n) - a_3(\delta_3 + \cdots + \delta_n)$$
$$-a_4(\delta_4 + \cdots + \delta_n) - \cdots - a_n\delta_n$$

と表される．したがって

$$|S - s_n| \leq (n-1)u(|a_1| + |a_2|) + (n-2)u|a_3| + (n-3)u|a_4| + \cdots + u|a_n|$$

と書けるので，誤差を小さくするには $|a_1| \leq |a_2| \leq |a_3| \leq \cdots \leq |a_n|$ とすればよいことがわかる．これは，絶対値が小さいものから足すことが全体の誤差を小さくすることを意味する．

さらに誤差を小さくするような方法を Kahan[13, 15] が考案している．

──── **Program 2.1　Kahan の補償付き総和法** ────
```
s = a[1];
c = 0;
for (i = 2; i <= n; i++){
   y = a[i] - c;
   t = s + y;
   c = (t - s) - y;
   s = t;
}
```

$S = \sum_{i=1}^{n} a_i$ を Kahan の補償付き総和アルゴリズム（前章の四手和も参照）で計算すると計算結果 $s = \sum_{i=1}^{n} a_i(1+\delta_i)$ となる．ここで，$|\delta_i| \leq 2u + \mathrm{O}(nu^2)$ である．上のアルゴリズムのポイントは，$|s| \geq |y|$ と仮定すると，$s+y$ の浮動小数演算の結果失われた y の下位の桁のデータが変数 c に入り，それが次のステップで加えられることである．前述の例題を，この Kahan の方法で計算した結果とその誤差を表 2.3 の第 6 列と 7 列に示す．同様に，この方法により単精度で 0.1 の 1000 回の加算の結果は正確に 100.00000 である．冒頭に述べた単純な加算の結果 99.999046 · · · と比較して劇的な改善である．

2.4 混合演算 〜不釣合な組合せの予期せぬ結果〜

　混合演算は型の異なる変数あるいは定数を混ぜて計算することである．混合演算では予想しないような結果になることがあるので注意が必要である．たとえば次の単純な例

```
int n, m;
double x, y, z, one=1.0;
m = 1.2;
n = 2.3;
x = 3.5;
y = m/n + x;
z = one*m/n + x;
```

では，$y = 3.5, z = 4.0$ である．これは，y=m/n+x の計算では m と n が各々整数 1 と 2 で m/n $= 1/2 = 0$ と結果も整数化される．一方，y=one*m/n+x では m が前の浮動小数 one と同じ型（倍精度浮動小数型）に合わせられるために m $= 1.0$ になる．同様に n も n $= 2.0$ となり結局 one*m/n の結果は $1.0 * 1.0/2.0 = 0.5$ となる．

　もう一つ次のプログラムの断片を調べよう．出力文では equal と印字されるだろうか．

```
double a=3.0, b=7.0;
float q;
q = a/b;
if(q == a/b) printf("equal\n");
```

変数 q が倍精度宣言されていないので equal と印字されない．なぜなら，a/b は倍精度で除算され，その結果が単精度に丸められて変数 q に代入されるので，この時点で q の値は a/b の値と異なるからである．

2.5 漸化式 〜丸め誤差の暴発〜

初期値 $x_0 = 1, x_1 = 1/3$ から始めて，次の漸化式

$$3x_{i+2} + 14x_{i+1} - 5x_i = 0$$

を前進しながら $x_2, x_3, \cdots$ を単精度で計算すると，表 2.4 の第 2 列のようになる．前進を始めてしばらくは値が減少するが，その後は符号が交代しながら絶対値が急速に増大を始めることがわかる．正しい答えは単調に減少する $x_i = (1/3)^i$ である．表 2.4 の第 3 列には計算値の相対誤差を示す．この相対誤差は一貫して増大している．7 項目以降では計算値の有効桁が全く失われている．なぜこのようなことになるのだろうか．ここでは，この原因とその対策を述べる[14]．

表 2.4 漸化式の計算，前進と後退

i	前進	誤差	逆進	誤差
1	3.333333E−01	3.0E−08	3.333333E−01	3.0E−08
2	1.111111E−01	3.9E−07	1.111111E−01	7.5E−08
3	3.7037*26*E−02	5.9E−06	3.703704E−02	7.5E−09
4	1.234*458*E−02	8.9E−05	1.234568E−02	7.5E−09
5	4.1*20726*E−03	1.3E−03	4.11522*7*E−03	8.3E−08
6	1.3*44246*E−03	2.0E−02	1.371742E−03	2.0E−09
7	5.*947304*E−04	3.0E−01	4.572474E−04	2.0E−09
8	*−5.349995*E−04	4.5E+00	1.524158E−04	3.4E−08
9	*3.487882*E*−03*	6.8E+01	5.08052*7*E−05	3.8E−08
10	*−1.716845*E−02	1.0E+03	1.69350*9*E−05	1.1E−07
11	*8.593255*E−02	1.5E+04	5.6450*37*E−06	1.3E−06
12	*−4.296326*E−01	2.3E+05	1.8816*39*E−06	2.0E−05
13	*2.148173*E*+00*	3.4E+06	6.27*4113*E−07	3.0E−04
14	*−1.074086*E+01	5.1E+07	2.0*81459*E−07	4.4E−03
15	*5.370431*E+01	7.7E+08	*7.433784*E−08	6.7E−02

漸化式に $x_i = (1/3)^i$ を代入すると成り立つことは当然であるが，$x_i = (-5)^i$ を代入しても成り立つことがわかる．したがって $x_i = (-5)^i$ も漸化式の解の候補である．すなわち，漸化式の解の一般形は

2.5 漸化式

$$x_i = \alpha\,(1/3)^i + \beta\,(-5)^i$$

と書かれる．ここで，二つの初期値 $x_0 = 1$, $x_1 = 1/3$ を満足する場合は $\alpha = 1, \beta = 0$ となる．ところが，初期値を浮動小数で正確には表現できない．これは厳密には $\beta = 0$ とならないことを意味する．丸めの単位 $u \approx 6 \times 10^{-8}$ を使うと $\beta \approx u$ である．すると計算値は $\hat{x}_i \approx (1/3)^i + u\,(-5)^i$ となる．相対誤差は $|\hat{x}_i - (1/3)^i|/(1/3)^i = u(15)^i$ である．相対誤差は 1 反復ごとに 15 倍されることになり，急速に増大する．これが計算結果の原因であった．それでは精度を失わないように計算する手段はないのだろうか．以下にこれについて説明する．

対策は漸化式を逆進することである．適当な値 $i = n$ を設定して $y_{n+1} = 0$, $y_n = 1$ とおき，この二つを初期値として漸化式を逆向きに $y_{n-1}, y_{n-2}, \cdots, y_0$ を計算する．さらに，与えられた初期値 x_0 の値を使い，$a = x_0/y_0$ と定義して $\hat{x}_i = a y_i\ (0 \leq i \leq n)$ とする．このようにして計算した結果 $\hat{x}_i$ とその相対誤差を表 2.4 の第 4 列と 5 列に示す．数項（11～15 項）を除けば良い精度で計算されていることがわかる．n をもっと大きく取って逆進すればさらに多くの項が良い精度で計算できる．この理由を簡単に示す．

前進の場合と同様に一般的に解を

$$y_i = A\,(1/3)^i + B\,(-5)^i$$

と書いて，初期条件 $y_{n+1} = 0$, $y_n = 1$ を満足するような係数 A, B を求めると，結局 $y_i \approx \{15(1/3)^{i-n} + (-5)^{i-n}\}/16$ となる．$a = x_0/y_0$ を計算して $\hat{x}_i = a y_i$ を求めると，

$$\hat{x}_i \approx \frac{(1/3)^i - (-5)^i\,(-15)^{-n-1}}{1 - (-15)^{-n-1}} \quad (0 \leq i \leq n)$$

と書かれる．これから $n \to \infty$ で $\hat{x}_i \to (1/3)^i$ に収束することがわかる．実際，逆進のスタート n を大きくすれば精度が良いが，最小の n がわかれば計算の手間が少なくなる．これについては，初項からある項数までを与えられた精度で計算するために自動的に n を決定する方法も研究されている[14]．ベッセル関数 $J_n(x)$ の計算には，ここで述べた漸化式の逆進の方法が使われている[20]．この話は，次の章で説明する．

第3章
関数の計算
〜なんと $\sin 50$ の値が $-1.556659\cdots \times 10^4$ とは〜

本章の目的

$\sin x$, $\cos x$, e^x など多くの組込み関数は，コンパイラに付属しており，関数値を求めるときには，それを用いればよい．また，ベッセル関数，指数積分などの特殊関数については，ライブラリとして整備されているものを用いればよい．しかし，それらを使うとき注意を要する場合もある．たとえば，x が十分に小さいとき，$e^x - 1$ や $\log(1+x)$ の関数値を求めると，桁落ちや情報落ちのため精度が悪くなる．また，ライブラリに登録されていない特殊関数の値を必要とするときには，それを計算するためのプログラムを自作しなければならないこともある．そのとき，関数の定義式をそのまま計算しても，桁落ちによりうまくいかない場合も多い．本章では，どのようなときに桁落ちが起き，精度が悪くなるかを説明し，それを避けるための方法について考える．

3.1 関数の計算とは

関数といえば，きっと $\sin x$, $\cos x$ とか e^x を思い起こすことだろう．プログラム中に，たとえば，sin(2.0) と書きさえすれば，その値を出してくれる．実は何らかの計算をして，その関数値を求めているのである．大別して，関数には，$\sin x$, $\cos x$, e^x などの**組込み関数（標準関数）**とベッセル関数，指数積分などの**特殊関数**がある．前者はコンパイラに付属しており，後者はライブラリ（NUMPAC[29]，SSLII[21]，IMSL など）として整備されている．1 変数の実数の関数に対しては，微分積分学でおなじみのテーラー展開式を使うのではなく，最良近似式（近似区間における誤差の最大を最小にしたもの）が使われている．たとえば，区間 $0 \leq x \leq \pi/2$ の $\cos x$ に対して，区間全体で 10 進 7 桁の精度を確保するためには，x^2 の 5 次で打ち切ったテーラー展開式が必要になるが，最良近似式では，同程度の精度を得るために x^2 の 4 次の多項式ですむ（適当な次数で打ち切ったテーラー展開式は，$x = 0$ 付近では精度が必要以上に良く，区間の右端 $x = \pi/2$ では精度は最も悪くなる．大雑把にいえば，この精度を区間全体で，ある程度均等化したものが最良近似式である）．組込み関数（標準関数）は，良い精度で，しかも少しでも速く関数値を計算できるように，機械語レベルの工夫がしてあるので，なるべくそれを使うとよい．

3.2 $e^x - 1$, $\log(1+x)$ の計算での注意点

たとえば，$x = 10^{-5}$ のように x が十分に小さいとき，e^x と $e^x - 1$ の値を求めようとすると，次の float（単精度）型の C 言語プログラム

```
main(){
    float x=1.0e-5,e,e1;
    e=exp(x);
    printf("%16.8e\n",e);
    e1=e-1.0;
```

3.2 $e^x - 1$, $\log(1+x)$ の計算での注意点

```
        printf("%16.8e\n",e1);
    }
```

では，結果として，1.00001000E+00 と 1.00135803E–05 が得られる．前者の値はもちろん問題ないが，後者は正しい値 $1.000005000\cdots \times 10^{-5}$ と 3 桁しか一致していない．これは，第 1, 2 章で述べられた桁落ちにより説明できる．e^x のテーラー展開

$$e^x = 1 + x/1! + x^2/2! + x^3/3! + x^4/4! + \cdots \tag{3.1}$$

からわかるように，$x = 10^{-5}$ のときの e^x の値は，ほとんど 1 に近い．したがって，同じ程度の大きさの 2 数の減算となり，桁落ちが起こってしまう．$e^x - 1$ は，

$$e^x - 1 = (1 + x/1! + x^2/2! + x^3/3! + x^4/4! + \cdots) - 1$$

のように書けるが，右辺をよく見ると，引かれるものの中に，引かれる数 1 が含まれている．そこで，これらの 1 を取り除いた次式

$$e^x - 1 = x/1! + x^2/2! + x^3/3! + x^4/4! + \cdots \tag{3.2}$$

の形で計算すれば，この場合にはもはや同じ程度のものの減算はなくなる（正のものの加算しかないので，桁落ちは全く起こりえない）．

また，このプログラムにおいて，変数を double（倍精度）型に変えた場合には，結果として，1.000010000050000E+00 と 1.000005000006965E–05 が得られ，後者は正しい値 $1.00000500001666 7083\cdots \times 10^{-5}$ と 11 桁一致する．このように倍精度は，桁に余裕があるので桁落ち後の精度は単精度の場合より高い．実は，C 言語では単精度でも，基本的には倍精度演算を行うので，記憶容量が気にならなければ**倍精度**を使用するのがよい（倍精度が標準精度と思ってもよい）．

x が十分に小さいときには，$e^x - 1$ の値を良い精度で求めるためには，上式 (3.2) により計算しなければならない．FORTRAN を用いる場合には，NUMPAC[29] に，$e^x - 1$ を最良近似式により桁落ちなしに計算する関数が用

意されているので，それを使えばよい．単（倍，4倍）精度用として，expm1
(dexpm1, qexpm1) がある．ただし，倍（4倍）精度の関数名は，それぞれ，
倍（4倍）精度の宣言を要する．C言語では，NUMPACのFORTRANソー
スプログラムをC言語に書き換えて使う必要がある．フリーウェアのプログ
ラムf2cにより，FORTRANからC言語に変換することができる．しかし
冗長なプログラムに変換されるので，計算時間が気になる場合には，プロに
頼むとよい．いずれにせよ，その手間を省くために，NUMPACのC言語版
の登場が期待される．C言語では，組込み関数はdouble型である．そこで，
参考のため，Program 3.1 に，double型のexpm1(x)のC言語プログラム
を示す．

―― **Program 3.1** expm1(x) のプログラム ――――――――――
```
double expm1(double x){
  #define XMAX 709.7827
  #define XMIN -41.447
  static double a1= 6.801636231210532605e+05;
  static double a2=-8.435275311717684727e+04;
  static double a3= 1.709721814406326941e+04;
  static double a4=-8.868340786549657901e+02;
  static double a5= 5.662295083123096892e+01;
  static double a6=-8.253388005670726761e-01;
  static double b0= 1.360327246242106504e+06;
  static double b1=-6.221479216483892185e+05;
  static double b2= 1.282164729840813521e+05;
  static double b3=-1.533895311867281842e+04;
  static double b4= 1.131969424896365531e+03;
  static double b5=-4.929267046819927638e+01;
  if(x>=-0.6931471806||x<=1.098612289)
   return (((((a6*x+a5)*x+a4)*x+a3)*x+a2)*x+a1)*x*x
   /((((((x+b5)*x+b4)*x+b3)*x+b2)*x+b1)*x+b0)+x;
  else if(x>=XMIN||x<=XMAX) return exp(x)-1.0;
   else if(x<XMIN) return -1.0;
    printf("error:expm1(arg):arg=%23.15e arg>709.7827\n",x);
    return 0.0;
}
```

同様に，x が小さいとき，$\log(1+x)$ を求める場合にも注意が必要である．x が小さいとき，$\log(1+x) \approx x$ であるので，実際の組込み関数のプログラムでは変数 $1+x$ から 1 を引いて x を求め，この x を使って関数値を計算する．しかし，組込み関数のプログラムに入る前に，いったん 1 に小さい値の x を足しているので，その段階で情報落ちが生じてしまっている．それで，組込み関数のプログラムの中で，それから 1 を引いても，元の x の値はよみがえらない[22]．x の精度が悪くなってしまったので，$\log(1+x)$ の計算値の精度も悪くなってしまう．良い精度で $\log(1+x)$ の値を求めるためには，

$$\log(1+x) = x - \frac{1}{2}x^2 + \frac{1}{3}x^3 - \frac{1}{4}x^4 + \cdots \tag{3.3}$$

の右辺（x の級数）により計算する必要がある．関数の変数の部分に，そのまま x を与えることのできる関数 $\log 1p(x)$ ($= \log(1+x)$) のプログラムを書いて計算すれば，良い精度で関数値を求められる．FORTRAN では，最良近似式により，能率的に計算できる NUMPAC の関数を使うのが賢明である．単（倍，4倍）精度用として，`alog1p` (`dlog1p`, `qlog1p`) が用意されているので，その使用をすすめる．ただし，倍（4倍）精度の関数名は，それぞれ倍（4倍）精度の宣言を要する．C 言語での利用については，$e^x - 1$ の場合と同様である．

3.3 公式どおりの計算が危険な例

公式の数式どおりに計算をすると，とんでもない結果が得られる場合がある．そんな例として有名なものが n 次の第 1 種球ベッセル関数 $j_n(x)$ の公式による計算である（第 1 種ベッセル関数 $J_n(x)$ との間には，$j_n(x) = \sqrt{\pi/(2x)} J_{n+1/2}(x)$ が成り立つ）．次数 n が 0 から 3 までのものを書けば次のとおりである．

$$j_0(x) = \sin x / x \tag{3.4}$$

$$j_1(x) = (\sin x - x \cos x)/x^2 \tag{3.5}$$

$$j_2(x) = ((3 - x^2)\sin x - 3x \cos x)/x^3 \tag{3.6}$$

$$j_3(x) = ((15 - 6x^2)\sin x - x(15 - x^2)\cos x)/x^4 \qquad (3.7)$$

表 3.1 には，このうち，2 次の第 1 種球ベッセル関数 $j_2(x)$ に対して，公式による計算値，$j_2(x)$ の真値の近似値（真値の 7 桁以上を四捨五入），および計算値の相対誤差を示す（これは，FORTRAN の単精度の計算結果である）．$j_2(x)$ の公式の分子において，$\sin x$ を含む部分をテーラー展開すると，

$$3x - \frac{3}{2}x^3 + \left(\frac{3}{5!} + \frac{1}{3!}\right)x^5 - \left(\frac{3}{7!} + \frac{1}{5!}\right)x^7 + \cdots$$

となり，$\cos x$ を含む部分をテーラー展開すると，

$$3x - \frac{3}{2}x^3 + \frac{3}{4!}x^5 - \frac{3}{6!}x^7 + \cdots$$

となる．それぞれの展開では，x が小さいときには，初項と第 2 項の大きさ

表 3.1 公式による $j_2(x)$ の計算値，$j_2(x)$ の真値の近似値，および相対誤差

x	公式の計算値	真値の近似値	相対誤差
0.01	8.195303E–04	6.666619E–06	1.22E+02
0.02	–5.588271E–04	2.666590E–05	–2.20E+01
0.03	7.720072E–05	5.999614E–05	2.87E–01
0.04	1.396649E–04	1.066545E–04	3.10E–01
0.05	2.390145E–05	1.666369E–04	–8.57E–01
0.06	2.620855E–04	2.399383E–04	9.23E–02
0.07	3.076404E–04	3.265523E–04	–5.79E–02
0.08	3.690030E–04	4.264716E–04	–1.35E–01
0.09	5.347843E–04	5.396877E–04	–9.09E–03
0.10	6.735920E–04	6.661906E–04	1.11E–02
0.20	2.653956E–03	2.659056E–03	–1.92E–03
0.30	5.960743E–03	5.961525E–03	–1.31E–04
0.40	1.054486E–02	1.054530E–02	–4.16E–05
0.50	1.637173E–02	1.637111E–02	3.79E–05
0.60	2.338870E–02	2.338899E–02	–1.27E–05
0.70	3.153884E–02	3.153878E–02	1.82E–06
0.80	4.075017E–02	4.075054E–02	–8.94E–06
0.90	5.094542E–02	5.094515E–02	5.25E–06
1.00	6.203508E–02	6.203505E–02	5.12E–07

が後続の項の大きさと比べて大きいことが確められる．また，両者の展開では，最初の二つの項は同じなので，そのまま両者の減算をすれば，桁落ちが起こることになる．x が小さいほど，この傾向が強くなる．表はこのことを例証している．桁落ちを避けるためには，数式上で減算を整理して得られる x^5 から始まる級数により計算すればよい．FORTRAN では，精度と能率の観点から，NUMPAC に登録されている sjn(n,x) を使うことをすすめる．C 言語では，FORTRAN から C 言語に書き直したものを使う必要がある（3.2 節参照）．なお，x が 1.0 よりも大きい場合には，公式どおりに計算しても一応満足のいく値は出るが，やはり同じ理由でライブラリの使用をすすめる．

3.4 三角関数の計算の注意点

三角関数について触れてみよう．$\sin x$ は，次式のテーラー展開

$$\sin x = x - \frac{x^3}{3!} + \frac{x^5}{5!} - \frac{x^7}{7!} + \cdots \tag{3.8}$$

を持つ．この展開式を用いて $\sin x$ の値を計算してみよう（組込み関数における計算では，そのままテーラー展開を使うことはない）．この展開は無限個の項を持っている．どんな速い計算機を使っても，無限個の項を加える計算をすると有限の時間では終了しない（当然のことであるが）．したがって，たとえば 10^{-10} の精度で求めたいのならば，それより絶対値が小さな項は無視する（無視した項が，和をとった最後の項と比べて急激に小さくなる場合には，これが許される）．これに対する double 型の C 言語のプログラムを Program 3.2 に示す．

―― **Program 3.2** テーラー展開による $\sin x$ の計算 ――
```
main(){
    int ix;
    double x,v,sint(double);
    for(ix=2;ix<=50;ix=ix+2){
        x=(double)ix;
        v=sint(x);
```

```
            printf("%4.1f   %23.15e   %23.15e\n",x,v,sin(x));
        }
    }
    double sint(double x)
    {
        double t,xx,a,s;
        t=x;
        s=t;
        xx=-x*x;
        a=2.0;
        do {
            t=t*xx/((a+1.0)*a);
            s=s+t;
            a=a+2.0;
        } while(fabs(t)>1.0e-16);
        return s;
    }
```

　表3.2には，このプログラムを用いて，変数xの値を2.0から50.0まで2.0刻みで計算した結果を示す．xが小さい場合には精度が良いが，大きくなると精度が悪くなっている．xが2.0，4.0の場合には，倍精度フルの10進16桁程度の精度で求められている．この場合テーラー展開では，第3項以降は，その絶対値が初項あるいは第2項より小さくなり，数項後には項の絶対値は急激に小さくなる．xが30.0では，10進5桁程度の精度になる．この場合には，テーラー展開の項の中で，第13，14，15，16，17項の辺りのものが最も大きく，それぞれ，$5.462 \cdot 10^{11}$，$-7.003 \cdot 10^{11}$，$7.762 \cdot 10^{11}$，$-7.512 \cdot 10^{11}$，$6.402 \cdot 10^{11}$ 程度の大きさである．テーラー展開の級数の和を求める過程では，このような大きさの値から，1以下の値を作り出すことになるので桁落ちが起こることになる．高々1程度の大きさを持つ材料から，1程度のものを作る過程は全く問題ないが，1より十数桁も大きい値を材料として，それより十数桁小さい1程度のものを加減算だけで作る過程ではかなりの桁落ちが起き，精度が悪くなってしまう．

　xが36.0では，絶対誤差は10^{-2}程度になり，しかも本来$\sin x$の値とし

3.4 三角関数の計算の注意点 45

表 3.2 テーラー展開による $\sin x$ の計算値, $\sin x$ の真値の近似値, および絶対誤差

x	テーラー展開	真値の近似値	絶対誤差
2.0	9.092974268256817E−01	9.092974268256817E−01	1.40E−17
4.0	−7.568024953079275E−01	−7.568024953079282E−01	7.15E−16
6.0	−2.794154981989258E−01	−2.794154981989259E−01	1.24E−16
8.0	9.893582466234142E−01	9.893582466233818E−01	3.24E−14
10.0	−5.440211108897564E−01	−5.440211108893698E−01	−3.87E−13
12.0	−5.365729180012647E−01	−5.365729180004349E−01	−8.30E−13
14.0	9.906073556987977E−01	9.906073556948704E−01	3.93E−12
16.0	−2.879033167307837E−01	−2.879033166650653E−01	−6.57E−11
18.0	−7.509872465650469E−01	−7.509872467716761E−01	2.07E−10
20.0	9.129452553479874E−01	9.129452507276277E−01	4.62E−09
22.0	−8.851315079391553E−03	−8.851309290403876E−03	−5.79E−09
24.0	−9.055783407037755E−01	−9.055783620066239E−01	2.13E−08
26.0	7.625589393179983E−01	7.625584504796027E−01	4.89E−07
28.0	2.709168798439960E−01	2.709057883078690E−01	1.11E−05
30.0	−9.880734256321312E−01	−9.880316240928618E−01	−4.18E−05
32.0	5.510715135526212E−01	5.514266812416906E−01	−3.55E−04
34.0	5.353045841027453E−01	5.290826861200239E−01	6.22E−03
36.0	−1.001771134793725E+00	−9.917788534431158E−01	−9.99E−03
38.0	2.278611220386364E−01	2.963685787093853E−01	−6.85E−02
40.0	2.050406906727023E+00	7.451131604793488E−01	1.31E+00
42.0	−7.268718635701687E+00	−9.165215479156338E−01	−6.35E+00
44.0	3.527373442796977E+01	1.770192510541358E−02	3.53E+01
46.0	−4.256770701118107E+02	9.017883476488092E−01	−4.27E+02
48.0	3.797360390873667E+03	−7.682546613236668E−01	3.80E+03
50.0	−1.556659593156525E+04	−2.623748537039288E−01	−1.56E+04

ては超えてはならない −1.0 より小さくなってしまっている．この場合には，10 進で 16 桁程度も桁落ちしたことになる．さらに，x が 50.0 ではこの傾向が強まり暴走状態になってしまい，−15566.59 ⋯ という途方もない値が求められている（実際に試してみてこのようにならない場合には，コンパイラの最適化オプションを外して実行してみよ）．これは，計算機の結果は正しいと無意識に思っている初心者の信仰を崩すには絶好の例題である．

こういう現象は，x が大きいときに起こるので，それを避けるには半周期

に関する加法定理（n：整数）

$$\sin(x + n\pi) = (-1)^n \sin x$$

と四半周期に関する加法定理

$$\sin(x + \pi/2) = \cos x$$

を用いて，区間 $[-\pi/4, \pi/4]$ の $\sin x$，または $\cos x$ の計算に帰着させればよい．このように，組込み関数における計算でも区間縮小を行い，そこでの計算に帰着させているが，その際，縮小された区間では少しでも速く関数値を計算するために，テーラー展開ではなく最良近似式を用いている．区間縮小の計算では，引数 x から π の整数倍や半奇数倍を引き捨てる必要がある[23]．

さて，読者のなかには，プログラムで変数 pi に円周率 π を代入して，sin(pi) を計算させてもゼロにならなかったという経験を持つ人はいないだろうか．これは，そもそも pi には π の値の近似値しか入らないので，sin(pi) の関数値はゼロにならなくても，本当は何の不思議でもないのであるが，気持ちの悪さは残る．このため最近，FORTRAN では，コンパイラによっては，1.8 節で説明のあった $\sin((\pi/2)x)$（$(\pi/2)x$ ラジアンの sin 関数）の値を計算する象限三角関数 sinq と，x が度 (degree) で与えられる $\sin x$ の値を計算する度三角関数 sind を用意しているものがある（富士通 Fortran & C の FORTRAN では，両者とも使用でき，Compaq Visual Fortran や Intel Fortran コンパイラでは，後者が使用できる）．これらの関数では，円周率を引数に書く必要はなく，上の場合には，sinq(2.0) あるいは sind(180.0) と書けばよく，関数値はゼロとなる．sinq の他にも，cosq や tanq[23]，さらに，sind の他に，cosd や tand などがある．

NUMPAC には，FORTRAN 用の sinq, cosq や tanq などがあり，C 言語で使うときには，現在のところそのソースプログラムを C 言語に書き直す必要がある（3.2 節参照）．

3.5 ベッセル関数と漸化式

ライブラリには，通常，多くの特殊関数の計算プログラムが登録されている．その中でも，ベッセル関数のプログラムは最もよく使われるものの一つである．このベッセル関数の計算については，30 年ほど前，筆者が大学院生で，計算機センターの一般的な利用者であったときの失敗が思い出される．その頃の筆者の研究では，ある実数 x の値に対して，次数 n が 0 次から 9 次までの第 1 種ベッセル関数 $J_n(x)$ の関数値が必要であった．ライブラリを用いて，$J_0(x)$ と $J_1(x)$ の値を計算させ，計算時間の節約のためベッセル関数の漸化式

$$J_{k+1}(x) = (2k/x)J_k(x) - J_{k-1}(x) \tag{3.9}$$

を利用して，$J_2(x)$, $J_3(x)$, $\cdots$, $J_9(x)$ を求めていた．この計算は全体の計算の中では一部分に過ぎず，そこに問題があるなんていうことは予想だにしなかった．全体の計算の最終結果がどうもおかしいので，すべての部分での途中結果を出力したところ，ベッセル関数 $J_\nu(x)$ の値は，$|J_\nu(x)| \leq 1$ $(\nu \geq 0)$ でなければならないのにもかかわらず，高次のものの値が 1 をはるかに超え，10^5 程度の大きさになっていることがわかった．少し詳しく調べたところ，漸化式での減算で桁落ちが起こり，くり返し漸化式を計算するうちに暴走状態になっていることに気がついた．このとき，始めて数値計算の怖さを知ることになった．

上述の状況を再現してみることにする．表 3.3 には，NUMPAC の bj0(x) と bj1(x) で計算した $J_0(2)$ と $J_1(2)$ の値を用いて，上述の漸化式により求めた $2 \leq n \leq 20$ の $J_n(2)$ の計算値，$J_n(2)$ の真値の近似値，および計算値の絶対誤差を示す（これは，FORTRAN の単精度の計算結果である）．次数 n が大きくなるにつれて，漸化式の右辺の減算で桁落ちが激しくなり，n が 12 以上では関数値の絶対値が 1 以上になり，暴走状態となっている．

このようなことが起こらないようにするには，最も高次の二つの関数値を NUMPAC の bjn(n,x) により求め，漸化式を逆に使って $J_0(2)$ まで計算すればよい．そうすれば桁落ちは生じない．

ベッセル関数には，他に第 2 種ベッセル関数 $Y_n(x)$ がある．この関数に対

表 3.3 漸化式によるベッセル関数 $J_n(2)$ の計算値(2 次以上),真値の近似値,および絶対誤差

次数 n	$J_n(2)$ の計算値(2 次以上)	$J_n(2)$ の真値の近似値	絶対誤差
0	2.238908E−01	2.238908E−01	3.21E−08
1	5.767248E−01	5.767248E−01	−4.01E−08
2	3.528340E−01	3.528340E−01	−7.21E−08
3	1.289431E−01	1.289432E−01	−1.04E−07
4	3.399548E−02	3.399572E−02	−2.40E−07
5	7.038772E−03	7.039630E−03	−8.58E−07
6	1.198381E−03	1.202429E−03	−4.05E−06
7	1.515150E−04	1.749441E−04	−2.34E−05
8	−1.377761E−04	2.217955E−05	−1.60E−04
9	−1.253724E−03	2.492343E−06	−1.26E−03
10	−1.114574E−02	2.515386E−07	−1.11E−02
11	−1.102037E−01	2.304285E−08	−1.10E−01
12	−1.201095E+00	1.932695E−09	−1.20E+00
13	−1.430293E+01	1.494942E−10	−1.43E+01
14	−1.847370E+02	1.072946E−11	−1.85E+02
15	−2.572016E+03	7.183016E−13	−2.57E+03
16	−3.839550E+04	4.506006E−14	−3.84E+04
17	−6.117559E+05	2.659308E−15	−6.12E+05
18	−1.036146E+07	1.481737E−16	−1.04E+07
19	−1.858944E+08	7.819243E−18	−1.86E+08
20	−3.521633E+09	3.918973E−19	−3.52E+09

しても,第 1 種ベッセル関数 $J_n(x)$ と同じ漸化式

$$Y_{k+1}(x) = (2k/x)Y_k(x) - Y_{k-1}(x) \tag{3.10}$$

が成り立つ.しかし,$Y_n(x)$ に対しては,漸化式を用いて,低次のものから高次のものを求めるときには桁落ちしないが,高次のものから低次のものを求めるときには桁落ちが起こる.$J_n(x)$ とは全く逆の性質を持っている.実は,第 1 種ベッセル関数 $J_n(x)$ に対しては,この性質を使った強力な計算法がある.次にその方法を簡単に述べる[24].m を適当に選ばれた正の偶整数とし,α を小さな任意定数とする.

$$F_{m+1}(x) = 0, \quad F_m(x) = \alpha \tag{3.11}$$

3.5 ベッセル関数と漸化式

を出発値として，$J_n(x)$ および $Y_n(x)$ がともに満足する漸化式

$$F_{k-1}(x) = (2k/x)F_k(x) - F_{k+1}(x) \tag{3.12}$$

をくり返し使うことにより，$F_{m-1}(x)$, $F_{m-2}(x)$, $\cdots$, $F_0(x)$ を順次，計算する．

上の漸化式の一般解 $F_n(x)$ は $J_n(x)$ と $Y_n(x)$ の線形結合で表される．高次から低次に漸化式が下ってくるときには，$Y_n(x)$ は桁落ちをすることからわかるとおり，$F_n(x)$ の $Y_n(x)$ 成分は小さくなり，桁落ちをしない $J_n(x)$ 成分が $Y_n(x)$ 成分を圧倒して支配的になる．したがって，$F_n(x)$ と $J_n(x)$ の間には比例関係が出てくる．そこで，関係式

$$J_0(x) + 2\sum_{k=1}^{\infty} J_{2k}(x) = 1 \tag{3.13}$$

を利用して，この比例定数を決めれば，ある N ($< m$) に対して，$n = 0, 1, 2, \cdots, N$ についての $J_n(x)$ の計算式

$$J_n(x) \approx \frac{F_n(x)}{F_0(x) + 2\sum_{k=1}^{m/2} F_{2k}(x)} \tag{3.14}$$

を得ることができる（実は，一度の漸化式のくり返し計算で，$n = 0, 1, 2, \cdots, N$ について，$J_n(x)$ の関数値を一挙に得ることができる）．この計算法では，m を大きくすれば精度が高くなる．また，x が大きいほど，同じ精度で関数値を求めるためには m を増やす必要がある．

NUMPAC には，FORTRAN 用の各種のベッセル関数 $J_0(x)$, $J_1(x)$, $Y_0(x)$, $Y_1(x)$, $I_0(x)$, $I_1(x)$, $K_0(x)$, $K_1(x)$, $J_n(x)$, $Y_n(x)$, $I_n(x)$, $K_n(x)$, $J_\nu(x)$, $Y_\nu(x)$, $I_\nu(x)$, $K_\nu(x)$ などのプログラムが登録されている（ν：実数，n：整数）[29]．その中で，$Y_\nu(x)(= (J_\nu \cos\nu\pi - J_{-\nu}(x))/\sin\nu\pi)$ および $K_\nu(x)(= (\pi/2)(I_{-\nu}(x) - I_\nu(x))/\sin\nu\pi)$ については，桁落ちなしで関数値を求めるための工夫がなされている [25, 26]．複素変数 z の $J_n(z)$, $I_n(z)$, $Y_n(z)$, $K_n(z)$, $J_\nu(z)$, $I_\nu(z)$ のプログラム [27] も用意されている．特殊関数を多く必要とする場合には，FORTRAN を使うとよいが，どうしても C 言語が使いたいならば，

FORTRAN から C 言語への変換プログラム f2c を利用すればよい．また，ライブラリ SSLII[21] にもほぼ同様のものが登録されている．富士通 FORTRAN & C には，FORTRAN 用の SSLII（オブジェクトの集合）が付属している．FORTRAN & C の C 言語では，C でコンパイルした後で，FORTRAN のリンカで SSLII を結合（リンクコマンド：frt, ライブラリ：ssl2.lib）すれば使用することができる．ただし，FORTRAN で，call dbjn(x,n,bj,icon) と書くところを次のように書き直す必要がある．

── **Program 3.3 FORTRAN ライブラリの C 言語からの利用** ──
```
main(){
    double x,bj;
    int n,icon;
    n=2;
    x=10.0;
    dbjn_(&x,&n,&bj,&icon);
    printf("%25.15e\n",bj);
}
```

3.6 交代級数の収束の加速：級数のオイラー変換

　関数項からなる級数について，その和を求めたい場合がある．その級数が交代級数で，項の絶対値がゆっくり減少していく場合には，そのままその和を求めようとしてもなかなか収束しない．項の関数の値を計算するのに時間がかかる場合には，和を求めることが困難であったり，求めることができないことがある．そのようなときに，級数の**オイラー変換**を用いると解決できることがある．オイラー変換は次の定理に基礎をおいている．

[定理]　級数 $\sum_{k=0}^{\infty} a_k$ が収束するとき，級数

$$\sum_{k=0}^{\infty} \frac{1}{2^{k+1}} \left\{ \binom{k}{0} a_0 + \binom{k}{1} a_1 + \cdots + \binom{k}{k} a_k \right\}$$

もまた収束し，この二つの級数の和は等しい．上の変換をオイラー (Euler)

3.6 交代級数の収束の加速：級数のオイラー変換

変換という．

したがって，級数 $\sum_{k=0}^{\infty} a_k$ が交代級数で，列 $\{|a_k|\}$ が単調減少し，$k \to \infty$ のとき，$a_k \to 0$ ならば，その級数は収束するので，そのときには，オイラー変換された級数も収束することになる．

上式のオイラー変換を次のように丁寧に書き下してみる．

$$\frac{1}{2}a_0$$
$$+ \frac{1}{2^2}\{a_0 + a_1\}$$
$$+ \frac{1}{2^3}\{a_0 + 2a_1 + a_2\}$$
$$+ \frac{1}{2^4}\{a_0 + 3a_1 + 3a_2 + a_3\}$$
$$+ \frac{1}{2^5}\{a_0 + 4a_1 + 6a_2 + 4a_3 + a_4\}$$
$$\vdots$$

ここで，項の絶対値がゆっくり減衰していく場合には，この2行目以降において，各行の $\{\ \}$ の中は，ほとんど同じ程度の大きさになることが期待できる．それは，$\{|a_k|\}$ はゆっくり減少するのでほぼ同程度の大きさであると考えることができ，しかも符号が交代するからである．そして各行は半分ずつ小さくなる因子が掛けられる．それで収束が速くなる．このように，収束を速くすることを**収束の加速**という．

岩波全書の数学公式 II の p.34 には，次のような級数に対してオイラー変換の記述がある．

$$S = 1 - \frac{1}{\sqrt{2}} + \frac{1}{\sqrt{3}} - \frac{1}{\sqrt{4}} + \frac{1}{\sqrt{5}} - \frac{1}{\sqrt{6}} + \cdots$$

そこには，4桁まで正しい和 (S =0.6049) を求めるのに，そのまま加えていくと 10^8 個もの項が必要になるのに対して，最初の5項をそのまま加え，第6項から 12 項まで使ってオイラー変換を施せば，同じ精度が実現できると書いてある．まさにオイラー変換の威力を物語る一例である．参考のために，

この例についてのプログラムを Program 3.4 に示す.

Program 3.4 級数のオイラー変換のプログラム

```
main(){
    double w[101],aeps,sum,f(int),p;
    int i,j,n;
    aeps=1.0e-6;sum=0.0;f2=0.5;n=6;w[0]=f(5);
    for(i=0;i<=4;++i)
        sum=sum+f(i);
    sum=w[0]*f2+sum;
    for(i=1;i<=100;++i){
        w[i]=f(i+5);
        ++n;
        for(j=i-1;j>=0;--j)
            w[j]=w[j]+w[j+1];
        f2=f2*0.5;
        p=w[0]*f2;
        sum=sum+p;
        if(fabs(p)<aeps){
            printf("%d %15.7e\n",n,sum);
            exit();
        }
    }
    printf("no convergence\n");
}
double f(int i){
    return (((i&1)==0)?1.0:-1.0)/sqrt((double)(i+1));
}
```

このプログラムにより,オイラー変換のために使った項の数と級数の和の近似値が出力される.要求絶対精度 aeps と関数副プログラム f(i) を適当に書き換えれば,他の級数の収束の加速にも使うことができる.この魔法のような方法であるオイラー変換は,他にゆっくり減衰していく振動積分でも威力を発揮する[28].なお,このプログラムの最後から 2 行目の (((i&1)==0)?1.0:-1.0) は,$(-1)^i$ を意味していることはいうまでもないであろう.

3.7 まとめ

　関数を計算するときには，組込み関数（標準関数）やライブラリを使うとよい．そこに登録されているプログラムは，精度と能率の点で最大限の注意を払って作成されているので，安心して利用することができるからである．特に，NUMPAC には，必要と思われる各種の関数が豊富に用意されている．

　また，たまにライブラリに登録されていないような関数が必要になることがあるが，自作しなければならないときには，本章で述べた注意点を思い出して欲しい．少し難しい関数については，関数作成のプロに相談して作るか，あるいは作ってもらうのが賢明である．

第4章
補間と数値積分
~等間隔は不均衡~

本章の目的

　平面上に与えられたいくつかの点列の間を補間するときどのようにすればよいのだろうか．隣接する2点間を直線（1次多項式）で結べば明らかに不自然（接続点で傾きが不連続）である．点全体を通るように高次多項式を求めればよいのだろうか．実はこれにも別の問題がある．

　一方，実軸上に定義された1変数関数の積分を求めるとき，大抵の場合は不定積分が存在しないあるいは見つけにくい．この場合，数値的に近似値を求めることになる．問題の性質（関数の特異性，積分区間など）に依存して，積分の近似を求めることは単純でない．さらに，n次元空間で定義されるn変数関数の積分の近似を求めることはより一層困難である．

　本章では，1変数の補間と主に1次元積分の近似法を述べる．

> Numerical integration is, paradoxically,
> both simple and exceedingly difficult.
> — Philip J. Davis and Philip Rabinowitz (1984) —

4.1 補間と数値積分の常識，非常識 〜奇妙な結果〜

たとえば，関数 $1/(1+25x^2)$ （Runge の関数[†1]）[38] を区間 $[-1,1]$ 上で 11 点の等間隔標本点で補間（10 次多項式で）すると図 4.1 のようになる．誤差は中心付近では小さいが，区間の両端近傍では大きく振動している．なぜこのようなことが起こるのだろうか．対策はあるのだろうか．

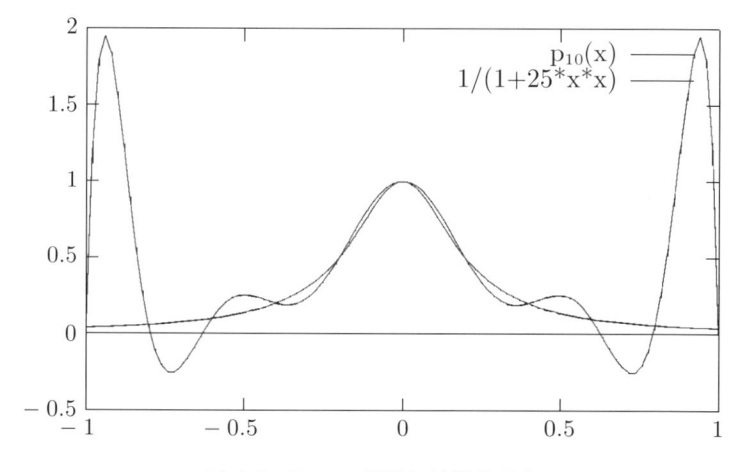

図 4.1 Runge 関数と補間多項式

一方，関数 $1/(2+\sin x)$ の区間 $[0,\pi]$ での積分

$$I_{[0,\pi]} = \int_0^\pi 1/(2+\sin x)dx = 2\pi/(3\sqrt{3}) = 1.209199576\cdots \quad (4.1)$$

を 9 点，17 点および 33 点の（複合）台形則でそれぞれ近似すると，結果は

9 点	**1.2**15616460153341
17 点	**1.2**10805434875046
33 点	**1.209**601139035508

[†1] Carle David Tolmé Runge (1856–1927)：ドイツ Bremen 生まれ．代数方程式の数値解や物質のスペクトル線の波長を研究．Göttingen 大学の応用数学の教授．

である（イタリック体の数字は真値と異なる桁を示す）．同様に，

$$I_{[\pi,2\pi]} = \int_\pi^{2\pi} 1/(2+\sin x)dx = 4\pi/(3\sqrt{3}) = 2.418399152\cdots \quad (4.2)$$

の結果は

9 点	**2.41**$\mathit{1982273437672}$
17 点	**2.41**$\mathit{6793293593389}$
33 点	**2.41**$\mathit{7997589/3298}$

である．ところが，区間 $[0, 2\pi]$ での積分

$$I_{[0,2\pi]} = I_{[0,\pi]} + I_{[\pi,2\pi]} = 2\pi/\sqrt{3} = 3.627598728468436\cdots \quad (4.3)$$

の結果はそれぞれ

9 点	**3.627**$\mathit{791516645356}$
17 点	**3.6275987**$\mathit{33591012}$
33 点	**3.627598728468436**

である．たいへん収束も速く精度も良くなっている．この違いはどこからくるのだろうか（p.66 参照）．このような補間と数値積分の問題，特に 1 変数関数あるいは 1 次元的データの（多項式による）補間および，1 変数関数の数値積分を考える．有理関数による補間，多変数関数の補間[36]（たとえば曲面生成）や多次元数値積分の話題はたいへん重要であるが，紙面の都合で扱わない．

4.2　補　間～等間隔な点列なんて～

ある関数 $f(x)$ の離散点（標本点）$a \le x_0, x_1, \cdots, x_n \le b$ での値 $f(x_0)$, $\cdots$, $f(x_n)$，あるいはデータの集合 $(x_0, y_0), \cdots, (x_n, y_n)$ が与えられたとき，これらの情報のみから区間 $[a, b]$ 内（正確には $[\min_i x_i, \max_i x_i]$ 内）の標本点以外での値を知るための操作が補間と呼ばれる．この補間には一般に多項式 $p_n(x)$（あるいは有理式）が使われる．上記のような離散点での関数値だけで

なく，微分値も利用できる場合の補間（エルミート補間）[35] はここでは扱わない．データが（観測）誤差を含んでいる場合は，補間法ではなく最小2乗法（第7章で述べる）を使って全体の傾向（あるいは物理量）を推測する．

多項式補間の操作には2通りが知られている．ラグランジュ補間とニュートン[34] の差分商による補間である．下の (4.4) の右辺と (4.5) で与えられるラグランジュ補間

$$f(x) \approx \sum_{k=0}^{n} L_k(x) f(x_k) \qquad (4.4)$$

は理論的に興味深い形式であるが，効率的に計算するように記述もできる[35]．ここで，

$$L_k(x) = \frac{(x - x_0) \cdots (x - x_{k-1})(x - x_{k+1}) \cdots (x - x_n)}{(x_k - x_0) \cdots (x_k - x_{k-1})(x_k - x_{k+1}) \cdots (x_k - x_n)} \qquad (4.5)$$

はラグランジュ補間の基本多項式と呼ばれ，$L_k(x_j) = \delta_{k,j}$ をみたす．しかしこの章では，アルゴリズム的に興味深いニュートン補間[31] をより詳しく紹介する．

4.2.1 ニュートン補間

2点 $(x_0, f(x_0)), (x_1, f(x_1))$ を通る直線は

$$y = f(x_1) + (x - x_1) f[x_0, x_1], \quad \text{ここで } f[x_0, x_1] \equiv \frac{f(x_1) - f(x_0)}{x_1 - x_0}$$

と書かれることは中学（高校？）の教科書にもある．ニュートン補間はこれを一般化したものである．ここで，$f[x_0, x_1]$ は差分商と呼ばれる．

さて，与えられた整数 $n \geq 0$ と $n+1$ 個の標本点 $x_0, x_1, \cdots, x_n$ に対し $f[x_j] = f(x_j)$ $(j = 0, \cdots, n)$ とおき，$k = 1, \cdots, n, i = 0, \cdots, n-k$ として，高階の差分商を

$$f[x_i, \cdots, x_{i+k}] = \frac{f[x_{i+1}, \cdots, x_{i+k}] - f[x_i, \cdots, x_{i+k-1}]}{x_{i+k} - x_i}$$

で定義する．すると，n 次補間多項式 $p_n(x)$ は

$$p_n(x) = \sum_{i=0}^{n} f[x_i, \cdots, x_n] \prod_{j=i+1}^{n} (x - x_j) \qquad (4.6)$$

$$= f[x_n] + (x-x_n)f[x_{n-1}, x_n] + \cdots$$
$$+ (x-x_n)\cdots(x-x_1)f[x_0,\cdots,x_n]$$

で与えられる．これは $f(x)$ のテーラー展開を n 次で打ち切った式の拡張版とも見なせる．なぜなら，もし $x_0 = x_1 = \cdots = x_n$ なら $f[x_{n-i},\cdots,x_n] = f^{(i)}(x_0)/i!$ $(i=0,\cdots,n)$ と書かれるので，(4.6) が打ち切りテーラー展開式に一致するからである．

● アルゴリズム

座標点 $x = \alpha$ でのニュートン補間式 (4.6) の値 $p_n(\alpha)$ を能率的に計算するアルゴリズムを示す[31]．

まず 1 次元配列 d_i を $d_i := f(x_i)$ $(i=0,\cdots,n)$ とおく．
$k=1,\cdots,n, \quad i=0,\cdots,n-k$ に対して，
$$d_i := (d_{i+1} - d_i)/(x_{i+k} - x_i)$$
を計算すると，最終的に
$d_i = f[x_i,\cdots,x_n]$ $(i=0,\cdots,n)$ となる．

次に，ホーナー法のアルゴリズム：

まず $q := d_0$ とおいて，
$i=1,\cdots,n$ に対して $\quad q := d_i + (\alpha - x_i)q$
を実行すると $p_n(\alpha) = q$ が得られる．

ここで，記号 := は右辺の値を（計算して）左辺の変数に代入することを意味する．変数 $x = \alpha$ をいろいろ変えて $p_n(\alpha)$ を計算するには上記のホーナー法のアルゴリズムのみを再度実行するだけでよい．差分商 d_i は α に無関係だから一度計算しておけば十分である．

ホーナー法を使わず，直接的に 1 点 $x = \alpha$ での $p(\alpha)$ を求めることもできる（Aitken-Neville アルゴリズム）[33, 45]．4.2.4 項も参照のこと．

4.2.2 等間隔標本点列

4.1 節で示した Runge の関数, $f(x) = 1/(1+25x^2)$ を $[-1,1]$ 上で補間してみよう. 特に等間隔に標本点を選択したとき $(x_i = -1+2i/n, i = 0, \cdots, n)$ の補間多項式とその誤差を調べよう. 図 4.1 は標本点数が $(n+1=)11$ 点の 10 次多項式 $p_{10}(x)$ で補間した結果であった. 区間 $[a,b]$ 上での補間多項式 $p_n(x)$ の誤差 $e_n(x)$ と最大誤差 E_n を

$$e_n(x) = f(x) - p_n(x), \quad E_n = \max_{a \leq x \leq b} |e_n(x)|$$

で定義すると, 図 4.1 の場合は $E_{10} = 1.9$ である. 表 4.1 には多くの次数 n に対する最大誤差 E_n を示す. 表 4.1 の第 2 行から, 最大誤差は次数 n が 4 で最小 (0.44) となり, 次数を高くする (すなわち標本点数を増大させる) と誤差も急速に増大している. これは情報量 (手間) を多くするとかえって精度が悪化するという一見常識に反する結果のように見える. この理由と対策を考えよう.

表 4.1 補間多項式の最大誤差 E_n

点列	$n=2$	4	6	8	10	12	16	20
等間隔	0.65	**0.44**	0.62	1.0	1.9	3.7	14	60
チェビシェフ	0.60	0.40	0.26	0.17	0.11	0.069	0.033	0.015

原因は標本点列を等間隔に選んだことにある. 関数 $f(x)$ が $[a,b]$ で $n+1$ 階連続微分可能な関数と仮定し, $x_0, x_1, \cdots, x_n$ が $[a,b]$ 内の互いに異なる点とすると, 補間誤差 $e_n(x)$ は次のように書かれる.

$$e_n(x) = \frac{\psi_{n+1}(x)}{(n+1)!} f^{(n+1)}(c_x), \quad \psi_{n+1}(x) \equiv (x-x_0)(x-x_1)\cdots(x-x_n) \tag{4.7}$$

ここで, c_x は $\{x_0, x_1, \cdots, x_n\}$ および x の最大値と最小値の間のある値である. 区間 $[-1,1]$ で等間隔に 11 点を $x_i = -1 + i/5 \ (i = 0, \cdots, 10)$ と選んだときの $\psi_{11}(x)$ を図 4.2 に示す. 区間の両端近傍で大きく振動していることが, 補間の最大誤差 E_{10} を大きくしている原因であった. これは標本点列を等間隔に選んだために発生した. それでは, 最大誤差を小さくする標本点列はどのように決定すればよいであろうか. 次にこれを考えよう.

図 4.2　多項式 $\psi_{11}(x)$

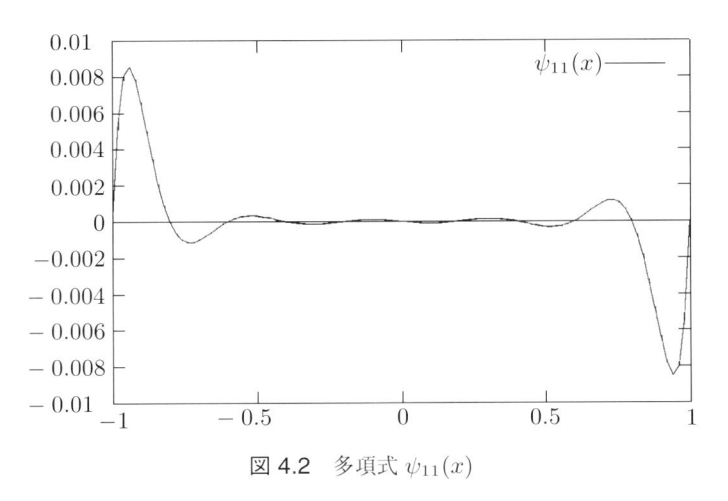

4.2.3　チェビシェフ点列

補間多項式 $p_n(x)$ の次数 n を固定したとき，補間の最大誤差をできるだけ小さくするにはどのように標本点を決定すればよいであろうか．この問題は最良近似問題と呼ばれ，一般的に標本点を決める公式はない．近似の対象となる関数 $f(x)$ ごとに補間点列を Remez[†2]の第 2 算法[43] によって計算する必要がある．このアルゴリズムは単純ではなく，誰もがプログラムを作成できるものではない．そこで，最良近似をあきらめ**最良に近い近似**で満足することにしよう．以下にこれを示す．

式 (4.7) の補間誤差 $|e_n(x)|$ の中で，関数 $f(x)$ に依存しない部分 $|\psi_{n+1}(x)|$ の最大値をできるだけ小さくすることを考えよう．図 4.2 からわかるように，等間隔点列では区間の両端近傍で $|\psi_{11}(x)|$ が最大になることから，この付近に標本点を多くする必要がある．このためには，標本点 x_i を $x_i = \cos(2i+1)\pi/(2n+2)$, $(i = 0, \cdots, n)$[33] と選ぶ．この点列 $\{x_i\}$ が $\max_x |\psi_{n+1}(x)|$ を最小にすることは以下の理由からである．まず，実数 x に対してチェビシェフ[†3]多項式 $T_k(x)$ を次式で定義する：

[†2] Evgeny Yakovlevich Remez(1896–1975)：Belarus 生まれ．Kiev 大学 (Ukraina) 教授．近似理論，一様近似のアルゴリズムなどを研究．

[†3] Pafnuty Lvovich Chebyshev (1821–1894)：ロシア Okatovo 生まれ．数論で知られ，力学にも関心があった．彼の名のついた直交多項式で有名．

$$T_k(x) = [(x+\sqrt{x^2-1})^k + (x-\sqrt{x^2-1})^k]\,/\,2 \qquad (4.8)$$

もし $|x| \leq 1$ なら,$x = \cos\theta$ とおくと $T_k(x) = \cos k\theta$ と書かれる[35]. したがって $|T_k(x)| \leq 1$ となる.ここでは,$|x| \leq 1$ に対して $\max_x |\psi_{n+1}(x)|$ を最小にすることを考えよう.$\psi_{n+1}(x) = x^{n+1} + (x \text{ の } n \text{ 次式})$ と書かれる.一方,$T_{n+1}(x) = 2^n x^{n+1} + (x \text{ の } n \text{ 次式})$ である.そこで,$\psi_{n+1}(x) = T_{n+1}(x)/2^n$ と選ぼう.すると $\max|\psi_{n+1}(x)| = 2^{-n}$ となり,$n \to \infty$ で $\max|\psi_{n+1}(x)| \to 0$ と収束する.実際 $T_{n+1}(x)/2^n$ が,$\max_x |\psi_{n+1}(x)|$ を最小にする n 次式であることも証明できる[33].この $T_{n+1}(x)$ の零点が上述の $x_i = \cos(2i+1)\pi/(2n+2)$ である.Runge の関数をこの標本点列で補間したときの最大誤差を表 4.1 の第 3 行に示す.次数を大きくすると誤差が減少していることがわかる.

4.2.4 標本点を追加して補間精度を上げるアルゴリズム

前項で,チェビシェフ点列を補間点として選び点数を多くすると補間誤差が減少することを説明した.ここでは,補間点を追加しながら補間多項式 $p_n(x)$ の次数 n を再帰的に上げてゆくアルゴリズムを述べる[31].すなわち,$x = \alpha$ での補間の近似列 $p_0(\alpha), p_1(\alpha), \cdots, p_k(\alpha), \cdots$ を能率的に計算しよう.このために補間多項式 $p_n(x)$ (4.6) を次のように書き換える.

$$p_n(x) = \sum_{i=0}^{n} f[x_0, \cdots, x_i] \psi_i(x) = p_{n-1}(x) + f[x_0, \cdots, x_n] \psi_n(x) \qquad (4.9)$$

1 次元配列 d_i を用意し,初期値として

$d_0 := f(x_0),\ p := f(x_0),\ s := 1$ とする.
$k = 0, 1, \cdots$ に対して,$\quad d_{k+1} := f(x_{k+1})$,
$\quad i = k, \cdots, 0$ に対して,$\quad d_i := (d_{i+1} - d_i)/(x_{k+1} - x_i)$,
$\quad s := s(\alpha - x_k),\quad p := p + d_0 s$,
$\quad$ if $|d_0 s| \leq \varepsilon$(要求精度)then stop

上のアルゴリズムで $k = n$ のとき,p は $p_{n+1}(\alpha)$ の計算値である.また,$d_i = f[x_i, \cdots, x_{n+1}],\ i = 0, \cdots, n$,である.

4.2.5 チェビシェフ多項式による補間

関数 $f(x)$ が $[-1, 1]$ で滑らかな関数であると仮定すると，$f(x)$ のチェビシェフ展開 $f(x) = c_0 T_0(x)/2 + c_1 T_1(x) \cdots \equiv \sum_{k=0}^{\infty}{}' c_k T_k(x)$ はたいへん収束が速い．そこでこの展開を有限項で打ち切った多項式

$$p_n(x) = a_0 T_0(x)/2 + a_1 T_1(x) + \cdots + a_n T_n(x)/2 \equiv \sum_{k=0}^{n}{}'' a_k T_k(x) \quad (4.10)$$

で $f(x)$ を補間しよう．ここで，補間点として前述の $T_{n+1}(x)$ の零点ではなく，$|T_n(x)|$ が最大値をとる点 $x_j = \cos \pi j/n$ $(j = 0, \cdots, n)$ で補間すると（閉じた補間式：区間の両端点を補間点に含む），係数 a_k は

$$a_k = \frac{2}{n} \sum_{j=0}^{n}{}'' f(\cos \pi j/n) \cos \pi jk/n \quad (k = 0, \cdots, n) \quad (4.11)$$

となる．点 x_j で $f(x)$ が $p_n(x)$ と一致することとコサイン関数の選点直交性を利用して式 (4.11) が得られる．式 (4.11) の右辺は高速フーリエ変換 (FFT)[45, 47] により能率的に計算される．収束するまで補間多項式の次数（標本点数）n を倍々と増加させてゆくと，再帰的で能率的に計算するアルゴリズムが構成できる．倍々よりさらに収束判定をきめ細かく行う方法もある [37]．任意の区間 $[a, b]$ での補間には，まず変数変換 $x = (b-a)t/2 + (b+a)/2$ により $t \in [-1, 1]$ 区間に変換する．そこで上記の補間を利用することになる．

4.3 数値積分 〜万能な積分法はない〜

前節で述べた補間法は数値積分に利用され，補間型積分則と呼ばれ，代表的な 2 種類のタイプがよく知られている．標本点を積分区間内（有限区間）で等間隔に選んだ場合は Newton-Cotes[†4](N-C) 型積分則と呼ばれる．一方，（エルミート補間に基づく，しかし微分値を使わない）Gauss 型公式は標本点

[†4] Roger Cotes (1682–1716)：英国 Burbage (Leicestershire) 生まれ．Newton の Principia の第 2 版を編集．対数の理論，積分法，補間で知られる．

が無理数（$[-1,1]$ 区間のとき，ルジャンドル多項式の零点）で表されるが，N-C 則よりも精度の良い近似を与える．詳しくいえば，同じ計算量の公式の中で Gauss 則の次数が最も高いといえる．ここで，積分則（数値積分公式）の計算量を標本点数で計ると仮定している．積分則の次数は，被積分関数が多項式 $p_k(x)$ $(0 \leq k \leq n)$ の場合に積分則が正確な積分値を与えることのできる最も高い次数 n のことである．

すべての積分に万能な唯一つの積分則は存在しない．被積分関数，積分区間，近似積分に対する要求精度 ε などを与えると，自動的に要求精度を満足する積分の近似値を与えようとする**自動積分法**[32] も開発されている[47]．自動積分法には適応型と非適応型がある．前節のチェビシェフ展開近似に基づく非適応型の積分法（Clenshaw-Curtis 則）は，滑らかな関数に効果的である．NUMPAC[47] の中の適応型ルーチン AQNN5(7,9)D[40] は，多くのタイプの被積分関数に対応できる優れたプログラムであるが，やはり万能ではない．そこでさまざまな数値積分法が開発され，ソフトウェアも作成されているわけである．被積分関数（滑らかな関数，特異関数，振動関数など）と積分区間（有限区間，無限区間）の種類に応じて適切な積分則を選択することが賢明な方法である．ここでは，いくつかの代表的な積分則の特徴と使い方を述べる．

4.3.1　Newton-Cotes 則と Gauss 則

● **Newton-Cotes 則**（等間隔標本点列）

有限区間 $[a,b]$ 内に等間隔に標本点（$n+1$ 点）を選択して作成した n 次補間多項式 $p_n(x)$ を項別積分すると数値積分公式（N-C 則）が得られる．

$$\int_a^b f(x)\,dx \approx \int_a^b p_n(x)\,dx = \sum_{k=0}^n w_k f(x_k), \quad \sum_{k=0}^n w_k = b-a(\geq 0) \quad (4.12)$$

N-C 則のなかで $n=1,2$ のとき，それぞれ台形則（$x_0=a$, $x_1=b$; $w_0=w_1=(b-a)/2$）とシンプソン[†5]則（$x_0=a$, $x_1=(a+b)/2$, $x_2=b$;

[†5] Thomas Simpson (1710–1761)：英国 Market Bosworth (Leicestershire) 生まれ．補間と数値積分法で知られる．

$w_0 = w_2 = w_1/4 = (b-a)/6$) と呼ばれる．積分区間の中点のみで補間 ($n=0$ 次) したとき，中点則 ($x_0 = (a+b)/2; w_0 = b-a$) と呼ばれる積分公式が得られる．次数 n が大きくなると区間の両端近傍で補間多項式の誤差が大きく振動することを，補間法の節で述べた．したがって，高次の N-C 則はかえって精度が悪くなることが予想される．実際，$n=8$ と $n \geq 10$ の場合，重み w_k の一部に負の量が現れる．これは，(4.12) の第 1 式の最右辺の和 $\sum_{k=0}^{n} w_k f(x_k)$ の計算で桁落ちを引き起こす原因になる．そこで，精度良く積分の近似を得るために，積分区間 $[a,b]$ を分割して低次の N-C 則を適用する方式が一般に利用される（複合中点則，複合台形則，複合シンプソン則など）．N-C 則の積分則としての次数は，n が奇数次なら n 次，n が偶数次なら $n+1$ 次である．

● **Gauss 則（達成可能な最大次数則）**

式 (4.12) を拡張した重み関数 ($\mu(x)$) つき積分 $\int_a^b f(x)\mu(x)dx$ に対する積分則を

$$\int_a^b f(x)\,\mu(x)\,dx \approx \sum_{k=0}^{n} w_k\,f(x_k) \tag{4.13}$$

の右辺のように改めて書く．ここで，区間 $[a,b]$ 上で $\mu(x) \geq 0$ とする．(4.13) の左辺の積分に関する直交多項式 $p_{n+1}(x)$[†6]の零点 ($x_0, x_1, \cdots, x_n$) を標本点とするラグランジュの多項式 $L_k(x)$（(4.5) で与えられる）に対し，$w_k = \int_a^b L_k(x)\mu(x)dx$ とおけば Gauss の積分則が得られる．このとき，積分則の次数は $n+1$ 点則として達成可能な最大 $2n+1$ 次である．この他に Gauss 則の大切な特徴は，積分則の重み w_k が常に $w_k > 0$ であり，数値的に安定である．一方，標本点列が等間隔でないので，積分区間を小区間に分割して個別に Gauss 則を適用したり，誤差を推定したりすることが効率的に行えない．

Gauss 則にはいろいろなタイプの積分則が存在する．たとえば，$[a,b]$

[†6] p_n と p_m が直交とは，$\int p_n p_m \mu dx = \delta_{n,m} = 1$ ($n=m$ なら)，$= 0$ ($n \neq m$ なら)．

$= [-1, 1]$ で $\mu(x) = 1$ なら直交関数はルジャンドル多項式で，このときの積分則は Gauss-Legendre 積分則と呼ばれる．一方，$[0, \infty]$ で $\mu(x) = e^{-x}$ なら Gauss-Laguerre 積分則，$[-\infty, \infty]$ で $\mu(x) = e^{-x^2}$ なら Gauss-Hermite 積分則である．

● **複合台形則**

積分 $I(f) = \int_a^b f(x)dx$ に対する $N+1$ 点（区間を N 分割した）複合台形則

$$T_N(f) = h\Big[\sum_{k=1}^{N-1} f(x_k) + \frac{f(a) + f(b)}{2}\Big], \quad x_k = a + kh, \ h = \frac{b-a}{N}$$

の誤差は

$$I(f) - T_N(f) = -h^2(b-a)f''(c_N)/12$$

である．ここで，c_N は区間 $[a, b]$ 内の未知の値である．このことから，分割を倍にする（$N \to 2N$，すなわち $h \to h/2$）と誤差が約 1/4 倍に減少することがわかる（$f''(c_N)$ が大きく変化しないと仮定して）．積分 (4.1)，(4.2) に対する $N = 8, 16, 32$ の台形則の誤差の大きさは，いずれもそれぞれ 6.4×10^{-3}，1.6×10^{-3}，4.0×10^{-4} である．誤差の減少の比率は予測どおり 1/4 倍になっている．複合中点則（N 点）の誤差の減少の様子も，同じ分割数 N の台形則（$N+1$ 点）と同じである（誤差の主要項の大きさは台形則の半分）．

それでは，積分 (4.3) の場合はなぜ台形則の誤差の減少がはるかに大きいのだろうか．実は，積分 (4.3) は周期関数の 1 周期積分だからである．そして台形則は 1 周期積分に最適な積分則なのである．この理由は以下のようである．関数 $f(x)$ が区間 $[a, b]$ で $2m + 2$ 階連続微分可能としよう．すると台形則の誤差 $I(f) - T_N(f)$ は

$$T_N(f) - I(f) = \sum_{j=1}^{m} \tau_j h^{2j} + R_{2m+2}(f) h^{2m+2}, \tag{4.14}$$

$$\tau_j = B_{2j}\{f^{(2j-1)}(b) - f^{(2j-1)}(a)\}/(2j)!,$$

$$R_{2m+2}(f) = (b-a)B_{2m+2}f^{(2m+2)}(c)/(2m+2)!$$

と表される（Euler-Maclaurin の総和則[45]）．ここで，B_k は Bernoulli 数である．1 周期積分では，関数値と微分値が区間の両端で同じなので $\tau_j = 0$ となる．このことが台形則の誤差をたいへん小さくしている理由であった．同様の理由から，無限区間積分を有限区間で打ち切った積分の近似にも台形則は最適である（これらは，第 9 章で述べる FFT と関連している）．

さて $\int_{-1}^{1} \sqrt{1+x}\, dx = 4\sqrt{2}/3 = 1.8856180831641\cdots$ を $N + 1$ 点台形則 T_N で計算しよう．$T_8 = \mathbf{1.8}614733704578$, $T_{16} = \mathbf{1.8}768910567191$, $T_{32} = \mathbf{1.88}24849484886$ で，それぞれの誤差は 2.4×10^{-2}, 8.7×10^{-3}, 3.1×10^{-3} である．誤差の減少の割合は約 0.36 である．予想の割合 $1/4 = 0.25$ より大きくなっている．この原因は被積分関数 $f(x) = \sqrt{1+x}$ の 1 階微分が $x = -1$ で発散することにあった．上述の誤差の理論では暗に $f(x)$ が 2 階連続微分可能と仮定していた．このように，被積分関数の微分係数が発散する積分には台形則の収束が悪くなる．一般に単純な補間型積分則は特異積分（関数自身が積分区間内の 1 点以上で発散する）が苦手である．端点が特異点である関数の有限区間での積分や無限区間積分には，変数変換型積分法[38]（特に 2 重指数型変数変換，DE 公式[46]）が有効である．次にこれを説明する．

4.3.2 端点特異積分，無限区間積分と変数変換

積分 $\int_{0}^{1} \exp(\sqrt{x})/\sqrt{x}\, dx = 2(e-1) = 3.436563656918090\cdots$ を中点則（N 点）で計算した結果と誤差を表 4.2 の第 2 列と 3 列に示す．被積分関数 $\exp(\sqrt{x})/\sqrt{x}$ が積分区間の端点 $x = 0$ で発散するので台形則（端点を標本点とする閉公式）は適用できない．そこで端点を標本点としない（開公式の）中点則で計算してみた．表 4.2 から，収束がたいへん悪い（ほとんど収束しない）ことがわかる．ところが，変数変換 $t = \sqrt{x}$ を行うと積分は $\int_{0}^{1} \exp(\sqrt{x})/\sqrt{x}\, dx = \int_{0}^{1} 2\exp(t)\, dt$ となり特異積分でなくなる．この右辺に改めて中点則を適用した結果を表 4.2 の第 4 列と 5 列に示す．本来の中点則の収束の振舞（点数を 2 倍にして誤差が $1/4$ 倍に減少）が観測された．このように，特異積分には積分則を直接適用する前に変数変換の前処理を行

表 4.2 特異積分に（変数変換を行う前と後に）中点則を適用した結果と誤差

N	変換前 積分値	誤差	変換後 積分値	誤差
8	**3.**1383674036361	3.0×10^{-1}	**3.4**276305595423	8.9×10^{-3}
16	**3.**2241569395843	2.1×10^{-1}	**3.43**43273299914	2.2×10^{-3}
32	**3.**2858424522304	1.5×10^{-1}	**3.436**0043841053	5.6×10^{-4}
64	**3.**3298067541254	1.1×10^{-1}	**3.436**4238267677	1.4×10^{-4}
128	**3.**3610125041246	7.6×10^{-2}	**3.4365**286986337	3.5×10^{-5}
256	**3.**3831191156586	5.3×10^{-2}	**3.4365**549173003	8.7×10^{-6}
512	**3.**3987650309962	3.8×10^{-2}	**3.43656**14720107	2.2×10^{-6}

うと効果的であることがわかる．これを積極的に活用した数値積分法がいろいろある．

● 無限区間積分

無限は計算機で扱えないので，無限区間積分 $\int_{-\infty}^{\infty} f(x)\,dx$ もそのままでは計算できない．被積分関数 $f(x)$ に $x \to \pm\infty$ で急減少するような変数変換 $x = \phi(t)$ を行い，積分区間も有限区間で近似した $\int_{-A}^{A} f(\phi(t))\,\phi'(t)\,dt$ に積分則（特に台形則が最適，p.66 で述べた理由により）を適用することになる．たとえば，$\int_{-\infty}^{\infty} 1/(1+25x^2)\,dx = \pi/5 = 0.6283185307179586\cdots$ に変数変換

$$x = \phi(t) = 2\sinh(t)$$

を行った後，$Nh^2 = 1$（一定）となるよう区間 $[-Nh, Nh]$ と刻み幅 h[38] を選択して台形則（$2N+1$ 点）を適用して計算した結果を表 4.3 に示す．

上記の例は $t \to \pm\infty$ で指数関数的に減少する変換関数 $x = \phi(t)$ の一例であるが，どのように急減少させれば最適なのだろうか．実は二重指数型変数変換[46]

$$\phi(t) = \sinh(\pi \sinh(t)/2)$$

がよいことがわかっている．この変換を行って $Nh = 4$（一定）として，計算し直した結果を表 4.4 に示す．表 4.3（一重指数型変数変換）と表 4.4 を比較

4.3 数値積分

表 4.3 無限区間積分に一重指数型変数変換を行い台形則を適用した結果と誤差

$2N+1$	積分区間	積分値	誤差
33	$[-4, 4]$	**0.**7372855414632927	1.1×10^{-1}
129	$[-8, 8]$	**0.6**365231086105280	8.2×10^{-3}
513	$[-16, 16]$	**0.6283**717223206151	5.3×10^{-5}
2049	$[-32, 32]$	**0.62831853**29700285	2.3×10^{-9}
8193	$[-64, 64]$	**0.62831853071795**53	3.3×10^{-15}

すると，二重指数型変数変換（表 4.4）の結果のほうがはるかに収束が速いことがわかる．標本点数を 2 倍にすると有効桁数も 2 倍になることも観測される．数値計算を倍精度演算で行っているので，有効約 16 桁が限界である．したがって，表 4.4 の最後の行の結果はすでに計算できる有効桁限界まで達していることになる．これ以上標本点数を増加させても精度の向上は望めない．

表 4.4 無限区間積分に二重指数型変数変換を行い台形則を適用した結果と誤差

$2N+1$	積分区間	積分値	誤差
33	$[-4, 4]$	**0.6**800421342845713	5.2×10^{-2}
65	$[-4, 4]$	**0.6**302855641053315	2.0×10^{-3}
129	$[-4, 4]$	**0.6283**216001364623	3.1×10^{-6}
257	$[-4, 4]$	**0.6283185307**254564	7.5×10^{-12}
513	$[-4, 4]$	**0.628318530717958**8	2.2×10^{-16}

二重指数型変数変換法は無限区間積分にだけ有効であるとは限らない．積分区間の両端点（あるいは一方だけ）が特異点である積分（たとえば，$\int_{-1}^{1}(1-x^2)^{-1/3}f(x)\,dx$, $f(x)$ は滑らかな関数）に対しても有効であることが知られてる[46]．実際，たとえば $\int_{-1}^{1}g(x)\,dx$ には変数変換 $x=\phi(t)=\tanh(\pi\sinh(t)/2)$ を施し急減少関数の無限区間積分に変換した後，区間を有限区間で近似し台形則を適用する．これにより端点での特異性が解消される．ただし，変換後の標本点が元の座標では $x=\pm 1$ の近傍に集中するので，($1-x^2$ などの計算で発生する) 桁落ちを回避する手続が必要である．

4.3.3 振動積分と加速法

滑らかな関数 $f(x)$ と振動関数 $\sin\omega x$（あるいは $\cos\omega x$, $\exp(i\omega x)$, ベッセル関数 $J_\nu(\omega x)$ など）との積の積分 $\int_a^\infty \sin(\omega x)f(x)\,dx$ は，無限に振動する関数の積分で，上記のどの数値積分法も苦手である．有限区間のための数値積分法に補助的に加速法を利用する組合せが有効である（加速を利用しない方法[41]もある）．次の積分

$$I(f) = \int_0^\infty \sin x\, f(x)\,dx = \sum_{k=0}^\infty I_k, \quad I_k = \int_{k\pi}^{(k+1)\pi} \sin x\, f(x)\,dx \quad (4.15)$$

を使って説明する．もし関数 $f(x)$ が一定符号なら半周期積分 $\{I_k\}_{k=0}^\infty$ は符号が交代するので，積分 $I(f)$ (4.15) は収束の遅い交代級数となる．半周期積分 I_k を通常の積分則（N-C 則，ガウス則，Clenshaw-Curtis 則など）で計算し，無限和には交代級数の収束を速める加速法 [30, 44]（オイラー変換，Levin 変換，Sidi の W 変換など）を適用すると効果的である．特に Levin 変換（NUMPAC[47] 内の ACCELS/D），Sidi の W 変換は収束が速いので，倍精度演算での限界の精度（有効約 16 桁）が必要な場合でも交代級数は最初の 20 項程度以内で十分であることがわかっている (AQIOSS/D[47])．たとえば，収束のたいへん遅い交代級数

$$1 - 1/3 + 1/5 + \cdots + (-1)^{n-1}/(2n-1) + \cdots = \pi/4$$

に Levin の u 変換 (LEVNUD[47]) を適用すると，始めから 10 項使用して 1.3×10^{-12} の精度が得られる．加速法を使わず，単純に始めから 10 項（1000 項）まで加えたときの精度は $2.5\times 10^{-2}(2.5\times 10^{-4})$ である．

4.3.4 内点特異関数の積分

積分区間の内部に特異点を持つ関数の積分には，今まで述べたどの方法も対処することが困難である．たとえば，Cauchy の主値積分 pv $\int_a^b f(x)/(x-c)\,dx$ ($a\leq c\leq b$) や Hadamard の有限部分積分 fp $\int_a^b f(x)/(x-c)^2\,dx$ ($a\leq c\leq b$) などは内点特異関数の積分（実は超函数）である．NUMPAC には Cauchy

主値積分のためのルーチン AQCHYS/D がある．これは $f(x)$ のチェビシェフ多項式近似に基づく自動積分法である．次の主値積分

$$\int_{-1}^{1} \frac{1}{x^2+\alpha^2} \cdot \frac{1}{x-c} dx = \frac{1}{\alpha^2+c^2} \left\{ \ln\left(\frac{1-c}{1+c}\right) - \frac{2c}{\alpha} \tan^{-1}\left(\frac{1}{\alpha}\right) \right\}, \quad \alpha = 1$$

を AQCHYD で計算すると，特異点 c ($-1 \leq c \leq 1$) の位置に関係なく関数計算回数 34 で 1.0×10^{-11} 以上の精度を持つ結果が得られる．このように少ない計算量（関数計算回数，標本点数）で高い精度の積分値が得られる理由は，被積分関数 $1/(x^2+\alpha^2), \alpha=1$, のチェビシェフ展開の収束が速いことによる．

4.3.5 自動積分法とソフトウェア

今まで主に各種 1 次元積分問題の数値積分法を説明し，積分のタイプに応じて適切な方法を選択することが大切なことを述べた．しかし，積分法に基づいて自分でプログラムを作成することは容易ではない．それよりも数値計算パッケージの中から選んで使用することをすすめる．NUMPAC の中に多くの自動積分ルーチンがある．また，http://www.netlib.org から検索すると，外国の多くの積分ルーチン（たとえば QUADPACK[42] は Gauss-Kronrod[†7][39] 型公式を利用した適応型自動積分パッケージ）に出会える．

[†7]Alexander Semenovich Kronrod (1921–1986)：ロシア Moscow 生まれ．数学者．物理問題の数値解法にも興味があった．

第5章
線形計算と誤差
～きれいな式にはトゲがある～

本章の目的

この章では，線形方程式の解法と，線形変換の誤差解析について述べる．

線形方程式 $Ax = b$ の解法として，ガウス消去法を紹介する．係数行列 A が特別な構造を持たないとき，ガウス消去法とその変形である LU 分解法は，計算機に最適の解法である．

きれいなバラにはとげがある．数学的には美しい式なのに計算に使うとひどい目にあうことがある．逆行列による線形方程式の解の表現，$x = A^{-1}b$ はとげのあるバラである．この式で解を計算すると，計算時間とメモリを浪費し，おまけに丸め誤差の影響を受けやすい．線形方程式に関しては「逆行列使うべからず」である．

線形変換の誤差解析は，線形計算を制御したり解析したりする上で，たいへん重要である．ここでは，その入出力誤差の関係を調べる．線形変換で，入力誤差は拡大あるいは縮小伝播して出力誤差となる．誤差の拡大率はノルムと条件数で規定される．拡大率の大きい線形変換の数値計算は，本質的に不安定で丸め誤差程度の小さい入力誤差が大きな出力誤差を生む．逆に，拡大率の小さい線形変換は数値的に安定である．

5.1 ガウス消去法

n 元連立線形方程式

$$\begin{aligned} a_{11}x_1 + a_{12}x_2 + \cdots + a_{1n}x_n &= b_1, \\ a_{21}x_1 + a_{22}x_2 + \cdots + a_{2n}x_n &= b_2, \\ &\vdots \\ a_{n1}x_1 + a_{n2}x_2 + \cdots + a_{nn}x_n &= b_n \end{aligned} \tag{5.1}$$

を考える．**ガウス消去法**は，中学校で習った消去法と代入法を組織的に用いた解法で，**前進消去**とそれに続く**後退代入**で解を計算する．前進消去では，$k = 1, 2, \cdots, n-1$ の順に，第 $k+1$ 式以降から変数 x_k を消去し，方程式を

$$\begin{aligned} a_{11}^{(1)}x_1 + a_{12}^{(1)}x_2 + \cdots + a_{1n}^{(1)}x_n &= b_1^{(1)}, \\ a_{22}^{(2)}x_2 + \cdots + a_{2n}^{(2)}x_n &= b_2^{(2)}, \\ &\ddots \\ a_{nn}^{(n)}x_n &= b_n^{(n)} \end{aligned} \tag{5.2}$$

の形に変形する．係数の上添え字 (k) は確定順序を示す．後退代入では，式 (5.2) で，まず第 n 式より $x_n = b_n^{(n)}/a_{nn}^{(n)}$，引き続き $i = n-1, n-2, \cdots, 1$ の順に，第 i 式にそれまでに求めた解 $x_{i+1}, \cdots, x_n$ を代入し，

$$x_i = \left(b_i^{(i)} - \sum_{j=i+1}^{n} a_{ij}^{(i)} x_j \right) / a_{ii}^{(i)} \tag{5.3}$$

を計算する．

前進消去は，ピボット選択付き先頭変数消去をくり返す．まず，方程式 (5.1) 自身の先頭変数 x_1 の消去を説明しよう．消去の軸となる式を**ピボット式**という．方程式 (5.1) から適切なピボット式（たとえば第 p 式）を選び，第 1 式と交換する．新しい第 1 式を $a_{11}^{(1)}x_1 + a_{12}^{(1)}x_2 + \cdots + a_{1n}^{(1)}x_n = b_1^{(1)}$ と書く．新しい第 p 式は元の第 1 式であるが，煩雑になるのでそのまま $a_{p1}x_1 + a_{p2}x_2 + \cdots + a_{pn}x_n = b_p$ と同じ記号で書くことにする．第 i 式 $(2 \leq i \leq n)$ から新第 1 式の $a_{i1}/a_{11}^{(1)}$ 倍を引き，先頭変数 x_1 を消し，

5.1 ガウス消去法

$$\begin{aligned}
a_{11}^{(1)}x_1 + a_{12}^{(1)}x_2 + \cdots + a_{1n}^{(1)}x_n &= b_1^{(1)}, \\
a_{22}^{(1)}x_2 + \cdots + a_{2n}^{(1)}x_n &= b_2^{(1)}, \\
&\vdots \\
a_{n2}^{(1)}x_2 + \cdots + a_{nn}^{(1)}x_n &= b_n^{(1)}
\end{aligned} \tag{5.4}$$

に変形する．第 i 式 $(2 \leq i \leq n)$ の係数と右辺は，

$$\begin{aligned}
r &= a_{i1}/a_{11}^{(1)}, \\
a_{i1}^{(1)} &= 0, a_{ij}^{(1)} = a_{ij} - ra_{1j}^{(1)} \quad (2 \leq j \leq n), \\
b_i^{(1)} &= b_i - rb_1^{(1)}
\end{aligned} \tag{5.5}$$

となる．

ピボット式は $a_{11}^{(1)} = 0$ であってはならない．また，計算式 (5.5) では，$a_{1j}^{(1)}, b_j^{(1)}$ の誤差も r 倍されるので，r は絶対値が小さいほうが望ましい．これらを考慮して，x_1 の係数の絶対値 $|a_{i1}|$ が最大の式を選び，ピボット式とする．これを**部分ピボット選択法**と呼ぶ．$\left|a_{11}^{(1)}\right| = \max_{1 \leq i \leq n} |a_{i1}|$ ゆえ，$|r| = \left|a_{i1}/a_{11}^{(1)}\right| \leq 1$ となり，目的を達する．

式 (5.4) の第 $2 \sim n$ 式を $n-1$ 元の部分方程式と見なし，先頭変数 x_2 を消去すると，

$$\begin{aligned}
a_{11}^{(1)}x_1 + a_{12}^{(1)}x_2 + a_{13}^{(1)}x_3 + \cdots + a_{1n}^{(1)}x_n &= b_1^{(1)}, \\
a_{22}^{(1)}x_2 + a_{23}^{(1)}x_3 + \cdots + a_{2n}^{(2)}x_n &= b_2^{(2)}, \\
a_{33}^{(2)}x_3 + \cdots + a_{3n}^{(2)}x_n &= b_3^{(2)}, \\
&\vdots \\
a_{n3}^{(2)}x_3 + \cdots + a_{nn}^{(2)}x_n &= b_n^{(2)}
\end{aligned} \tag{5.6}$$

となる．同じ要領で，元数が 1 ずつ減ってゆく部分方程式から次々と先頭変数を消去して式 (5.2) を得る．k 番目の先頭変数消去でピボット式設定後に変化する係数は，第 i 式 $(k+1 \leq i \leq n)$ で，

$$\begin{aligned}
r &= a_{ik}^{(k-1)}/a_{kk}^{(k)}, \\
a_{ik}^{(k)} &= 0, a_{ij}^{(k)} = a_{ij}^{(k-1)} - ra_{kj}^{(k)} \quad (k+1 \leq j \leq n), \\
b_i^{(k)} &= b_i^{(k-1)} - rb_k^{(k)}
\end{aligned} \tag{5.7}$$

となる．

計算量について述べる．ここでは，乗除算数＝乗算数＋除算数についてのみ調べる．式 (5.7) の乗除算数が $n-k+1$ ゆえ，k 番目の先頭変数消去の乗除算数は $(n-k)(n-k+1)$．したがって，前進消去の乗除算数は

$$\sum_{k=1}^{n-1}(n-k)(n-k+2) = \frac{n^3}{3} + \frac{n^2}{2} - \frac{5n}{6} = \frac{1}{3}n^3 + O(n^2)$$

である．式 (5.3) の乗除算数 $n-i+1$ より，後退代入の乗除算数は

$$\sum_{i=1}^{n}(n-i+1) = \frac{n(n+1)}{2} = \frac{1}{2}n^2 + O(n)$$

である．これらから，ガウス消去法の乗除算数は，

$$\frac{n^3}{3} + n^2 - \frac{2n}{6} = \frac{1}{3}n^3 + O(n^2) \tag{5.8}$$

である．

プログラミングについて説明する．ここでは，プログラムに用いる実配列名，実変数名は a, r などのようにローマン体で書くことにする．

方程式をベクトル形式で

$$A\boldsymbol{x} = \begin{pmatrix} a_{11} & a_{12} & \cdots & a_{1n} \\ a_{21} & a_{22} & \cdots & a_{2n} \\ \vdots & \vdots & \ddots & \vdots \\ a_{n1} & a_{n2} & \cdots & a_{nn} \end{pmatrix} \begin{pmatrix} x_1 \\ x_2 \\ \vdots \\ x_n \end{pmatrix} = \begin{pmatrix} b_1 \\ b_2 \\ \vdots \\ b_n \end{pmatrix} = \boldsymbol{b} \tag{5.9}$$

と書く．実配列 $(\mathrm{a}_{ij})_{1 \leq i \leq n, 1 \leq j \leq n+1}$ をとり，係数行列 A と右辺ベクトル $\boldsymbol{b}$ を次のように格納する．

$$\begin{aligned} \mathrm{a}_{ij} &\leftarrow a_{ij} \quad (1 \leq i,j \leq n), \\ \mathrm{a}_{i,n+1} &\leftarrow b_i \quad (1 \leq i \leq n) \end{aligned}$$

使用する配列は一切これだけである．

前進消去において，第 i 式の x_j の係数 a_{ij} は，$a_{ij}^{(1)}, a_{ij}^{(2)}, \cdots, a_{ij}^{(i)}$ と変化するが，すべて配列要素 a_{ij} に重ね書きする．右辺 b_i の変化も同様に配列要素

$a_{i,n+1}$ に重ね書きされる．たとえば，式 (5.7) の計算は

```
1:   for i = k+1, k+2, ···, n
2:       r ← −a_{ik}/a_{kk}
3:       for j = k+1, k+2, ···, n+1
4:           a_{ij} ← r × a_{kj} + a_{ij}
5:       end for
6:   end for
```

である．$a_{ik}^{(k)} = 0$ は，以後の計算で使われないのでプログラム化しない．

後退代入においても，解 x_i は式 (5.2) の右辺 $b_i^{(i)}$ の書かれている $a_{i,n+1}$ に重ね書きされる．$b_i^{(i)}$ は x_i の計算 (5.3) のみに使われるのでここでつぶしても問題ない．プログラムは

```
1:   for i = n, n−1 ···, 1
2:       s ← 0
3:       for j = i+1, i+2, ···, n
4:           s ← a_{ij} × a_{j,n+1} + s
5:       end for
6:       a_{i,n+1} ← (a_{i,n+1} − s)/a_{ii}
7:   end for
```

である．4 行目右辺の配列要素 $a_{j,n+1}$ ($i+1 \leq j \leq n$) にはすでに x_j が入っていることに注意する．

5.2　逆行列の算法，反逆行列法論

n 次正則行列 $A = (a_{ij})$ の逆行列 $B = (b_{ij}) = A^{-1}$ は，n 組の線形方程式

$$A\boldsymbol{b}_j = \boldsymbol{e}_j \quad (1 \leq j \leq n) \tag{5.10}$$

を解いて得られる．ここで，$\boldsymbol{b}_j = (b_{1j}, \cdots, b_{nj})^{\mathrm{T}}$ は B の第 j 列ベクトル，$\boldsymbol{e}_j = (0, \cdots, 0, \overset{j}{1}, 0, \cdots, 0)^{\mathrm{T}}$ は n 次単位行列の第 j 列ベクトルである．算法は基本的にガウス消去法である．式 (5.8) より，n 組の方程式を解くには，一見 $n^4/3$ 程度の乗除算数がいりそうであるが，係数行列の共通性と右辺ベクトルの特殊性から乗除算数 $n^3 + O(n^2)$ で計算できる．

逆行列 B を用いて，線形方程式 $A\boldsymbol{x} = \boldsymbol{b}$ の解は簡単に $\boldsymbol{x} = B\boldsymbol{b}$ で計算できる．これを逆行列法と呼ぶことにする．逆行列法は，B の計算ですでにガウス消去法の約 3 倍の乗除算数を要する．さらに，逆行列 B の格納にメモリを消費する．また，演算数が増えると一般に丸め誤差の影響が大きくなる．すなわち，計算速度，メモリ効率，精度のどれをとってもガウス消去法には及ばない．線形方程式の解法に逆行列法を使うことは全く馬鹿げている．

5.3　ベクトルの近似と誤差

ノルム $\|\boldsymbol{x}\|$ はベクトル $\boldsymbol{x}$ の大きさを実数で表した指標であり，**ノルムの公理**と呼ばれる性質

(1)　$\|\boldsymbol{x}\| \geq 0$ でありかつ，$\|\boldsymbol{x}\| = 0 \iff \boldsymbol{x} = \boldsymbol{0}$,

(2)　$\|\alpha\boldsymbol{x}\| = |\alpha|\|\boldsymbol{x}\|$,

(3)　$\|\boldsymbol{x} + \boldsymbol{y}\| \leq \|\boldsymbol{x}\| + \|\boldsymbol{y}\|$　（三角不等式）

をみたす．ここで，$\boldsymbol{x}, \boldsymbol{y}$ は n 次元実ベクトル，α は実数である．数値計算の分野でよく使われるのは，n 次元実ベクトル $\boldsymbol{x} = (x_1, \cdots, x_n)^{\mathrm{T}}$ に対し，

- 1-ノルム：$\|\boldsymbol{x}\|_1 = \sum_{i=1}^{n} |x_i|$,
- 2-ノルム：$\|\boldsymbol{x}\|_2 = \sqrt{\sum_{i=1}^{n} |x_i|^2}$,
- ∞-ノルム：$\|\boldsymbol{x}\|_\infty = \max_{1 \leq i \leq n} |x_i|$

などである．ノルムの種類を区別するために，たとえば，$\|\boldsymbol{x}\|_1$ のように下添え字にノルム名 1 を付ける．

ベクトル $\boldsymbol{x} = (x_1, \cdots, x_n)^{\mathrm{T}}$ とその近似ベクトル $\tilde{\boldsymbol{x}} = (\tilde{x}_1, \cdots, \tilde{x}_n)^{\mathrm{T}}$ に対

し，誤差ベクトル $\Delta \boldsymbol{x} = \tilde{\boldsymbol{x}} - \boldsymbol{x}$，絶対誤差 $\|\Delta \boldsymbol{x}\|$，相対誤差 $\|\Delta \boldsymbol{x}\|/\|\boldsymbol{x}\|$ を定義する．絶対誤差，相対誤差は，近似ベクトルの誤差の大きさを表す指標である．

上記の三つのノルムにおいて，明らかに

$$|\Delta x_i| \leq \|\Delta \boldsymbol{x}\| \quad (1 \leq i \leq n) \tag{5.11}$$

である．絶対誤差 $\|\Delta \boldsymbol{x}\|$ は成分ごとの絶対誤差 $|\Delta x_i|$ の上限を与える．

相対誤差 $\varepsilon = \|\Delta \boldsymbol{x}\|/\|\boldsymbol{x}\|$ とすると，

$$|\Delta x_i| \leq \varepsilon \|\boldsymbol{x}\| \quad (1 \leq i \leq n) \tag{5.12}$$

である．成分ごとの相対誤差 $|\Delta x_i|/|x_i|$ とは無関係であるが，$|\Delta x_i|$ とベクトルの大きさ $\|\boldsymbol{x}\|$ との比の上限を与える．逆に，成分ごとの相対誤差 $|\Delta x_i|/|x_i| \leq \varepsilon \, (1 \leq i \leq n)$ なら，∞-ノルムにおいて，

$$\|\Delta \boldsymbol{x}\|_\infty = \max |\Delta x_i| \leq \max \varepsilon |x_i| = \varepsilon \|\boldsymbol{x}\|_\infty$$

である．

5.4　行列の従属ノルムと線形変換の出力絶対誤差評価

ベクトルの大きさがノルムで測れるので，線形変換の入出力ベクトルの大きさを比べられる．$m \times n$ 行列 $A = (a_{ij})_{1 \leq i \leq m, 1 \leq j \leq n}$ のノルムを，ベクトルノルム $\|\cdot\|$ を使って，

$$\|A\| = \max_{\boldsymbol{x} \in \mathbf{R}^n - \{\boldsymbol{0}\}} \frac{\|A\boldsymbol{x}\|}{\|\boldsymbol{x}\|}$$

で定義し，**従属ノルム**という．「従属」とはベクトルノルム $\|\cdot\|$ に対する依存性を意味する．これは，線形変換 $\boldsymbol{y} = A\boldsymbol{x}$ における出力と入力の大きさの比 $\|A\boldsymbol{x}\|/\|\boldsymbol{x}\|$ の最大値である．例えていえば，アンプ A のパワーを増幅率 $\|A\boldsymbol{x}\|/\|\boldsymbol{x}\|$ の最大値で表したものである．

従属ノルムは**行列ノルムの公理**と呼ばれる性質

(1)　$\|A\| \geq 0$ でありかつ，$\|A\| = 0 \iff A = \boldsymbol{0}$,
(2)　$\|\alpha A\| = |\alpha| \|A\|$,
(3)　$\|A + B\| \leq \|A\| + \|B\|$（三角不等式），
(4)　$\|AB\| \leq \|A\| \cdot \|B\|$

をみたす.

　従属ノルムの値 $\|A\|$ を確定するには，一般には $\|A\boldsymbol{x}\|/\|\boldsymbol{x}\|$ の最大値問題を解かなければならないが，前述の三つのノルムに関しては，次のように簡単に計算できる．

- 1-ノルム：$\|A\|_1 = \max_{1 \leq j \leq n} \sum_{i=1}^{m} |a_{ij}|$,
- 2-ノルム：$\|A\|_2 = \sqrt{\rho(A^{\mathrm{T}} A)} = \sqrt{\rho(A A^{\mathrm{T}})}$,
- ∞-ノルム：$\|A\|_\infty = \max_{1 \leq i \leq m} \sum_{j=1}^{n} |a_{ij}|$

ここで，$\rho(B)$ は正方行列 B の**スペクトル半径**，すなわち B の固有値の最大絶対値である.

　線形変換の出力の大きさは，従属ノルムを使った不等式

$$\|A\boldsymbol{x}\| \leq \|A\| \cdot \|\boldsymbol{x}\| \tag{5.13}$$

で評価できる．これは従属ノルムの定義より明らかである．

　線形変換の入力 $\boldsymbol{x}$ に誤差 $\Delta \boldsymbol{x}$ が混入し，近似 $\tilde{\boldsymbol{x}} = \boldsymbol{x} + \Delta \boldsymbol{x}$ となったとする．出力は $\boldsymbol{y} = A\boldsymbol{x}$ ではなく $\tilde{\boldsymbol{y}} = A\tilde{\boldsymbol{x}}$ となり，出力誤差は

$$\Delta \boldsymbol{y} = \tilde{\boldsymbol{y}} - \boldsymbol{y} = A\tilde{\boldsymbol{x}} - A\boldsymbol{x} = A\Delta \boldsymbol{x}$$

となる．ゆえに，出力誤差の大きさとしての出力絶対誤差は

$$\|\Delta \boldsymbol{y}\| \leq \|A\| \cdot \|\Delta \boldsymbol{x}\| \tag{5.14}$$

で評価できる．従属ノルム $\|A\|$ が大きいと，出力誤差が大きくなる可能性があることがわかる．

5.5 数値積分精度の頭打ち

定積分
$$S = \int_{-1}^{1} f(x)dx \tag{5.15}$$
を近似する，分点 $(x_i^{(n)})_{1 \leq i \leq n}$，重み $(w_i^{(n)})_{1 \leq i \leq n}$ の n 点補間型積分公式
$$S_n = \sum_{i=1}^{n} w_i^{(n)} f_i^{(n)} \cong S, \ f_i^{(n)} = f(x_i^{(n)}) \ (1 \leq i \leq n) \tag{5.16}$$
を考える．これは，標本値ベクトル $\boldsymbol{f}^{(n)} = (f_1^{(n)}, \cdots, f_n^{(n)})^{\mathrm{T}}$ の線形変換（汎関数）
$$S_n = W^{(n)} \boldsymbol{f}^{(n)} = (w_1^{(n)}, \cdots, w_n^{(n)}) \boldsymbol{f}^{(n)} \tag{5.17}$$
である．

数値計算では $\boldsymbol{f}^{(n)}$ の代わりに近似値 $\tilde{\boldsymbol{f}}^{(n)} = \boldsymbol{f}^{(n)} + \Delta \boldsymbol{f}^{(n)}$ が入力され，$\tilde{S}_n = S_n + \Delta S_n$ が計算結果となる．式 (5.14) で ∞-ノルムを用いると，
$$\begin{aligned} |\Delta S_n| &= \|\Delta S_n\|_\infty \leq M^{(n)} \left\| \Delta \boldsymbol{f}^{(n)} \right\|_\infty, \\ M^{(n)} &= \left\| W^{(n)} \right\|_\infty = \sum_{i=1}^{n} \left| w_i^{(n)} \right| \end{aligned} \tag{5.18}$$
である．標本値 $\boldsymbol{f}^{(n)}$ に混入した誤差 $\Delta \boldsymbol{f}^{(n)}$ は $M^{(n)}$ 倍され，近似積分値 S_n を変動させる．重みの絶対値和 $M^{(n)}$ は，積分則の数値的な安定性の指標であり，これが小さいほうが望ましい．

さて，補間型積分則は 0 次式 $f(x) \equiv 1$ を正確に積分するので，
$$\sum_{i=1}^{n} w_i^{(n)} \cdot 1 = \int_{-1}^{1} 1 dx = 2$$
である．これより，
$$M^{(n)} = \sum_{i=1}^{n} \left| w_i^{(n)} \right| \geq \sum_{i=1}^{n} w_i^{(n)} \geq 2$$
である．この不等式から，最も安定な積分則では $M^{(n)} = 2$ であり，それは負

の重みを持たない積分則である，ということがわかる．ガウス積分則は，そのような積分則の一つである．

例として，解析関数 $f(x) = 1 + 10^5 \sin(2\pi x + 1)$ の定積分

$$S = \int_{-1}^{1} f(x) dx = 2$$

をガウス積分則で倍精度計算する．数値積分の出力誤差は

$$\Delta \tilde{S}_n = \tilde{S}_n - S = (\tilde{S}_n - S_n) + (S_n - S) = \Delta S_n + \Delta \hat{S}_n \tag{5.19}$$

である．第2項 $\Delta \hat{S}_n = S_n - S$ は積分則の理論誤差である．

標本値 $f_i^{(n)}$ の入力誤差が丸め誤差のみと仮定すると，丸めの単位 $u \cong 10^{-16}$ により，

$$\left\| \Delta \boldsymbol{f}^{(n)} \right\|_\infty = \max \left| \Delta f_i^{(n)} \right| \leq \max\{u \left| f_i^{(n)} \right|\} \leq u \left\| \boldsymbol{f}^{(n)} \right\|_\infty$$

である．これと，$M^{(n)} = 2$ を式 (5.18) に代入して，

$$|\Delta S_n| \leq 2 \left\| \boldsymbol{f}^{(n)} \right\|_\infty u \tag{5.20}$$

となる．さて，$f(x) = 1 + 10^5 \sin(2\pi x + 1)$ より

$$\left\| \boldsymbol{f}^{(n)} \right\|_\infty = \max_{1 \leq i \leq n} \left| f_i^{(n)} \right| \cong \max_{-1 \leq x \leq 1} |f(x)| \cong 10^5$$

である．ゆえに，

$$|\Delta S_n| \leq 2 \left\| \boldsymbol{f}^{(n)} \right\|_\infty u \cong 2 \times 10^5 \times 10^{-16} = 2 \times 10^{-11}$$

となる．すなわち，数値積分値 $\tilde{S}_n$ には，10^{-11} 程度の計算誤差 ΔS_n の混入が避け得ないことがわかる．

実際に数値計算した出力絶対誤差 $|\Delta \tilde{S}_n| = |\tilde{S}_n - S|$ の片対数グラフを図 5.1 に示す．グラフは，後半ほぼ直線的に下がり，$n = 14$ で 10^{-11} を下回った所で底を打つ．真値は $S = 2$ ゆえ，相対誤差 $|\Delta S_n|/|S|$ もやはり 10^{-11} 程度が限界である．これは，ガウス積分則で点数 n を増やしながら積分したときの典型的な振る舞いである．

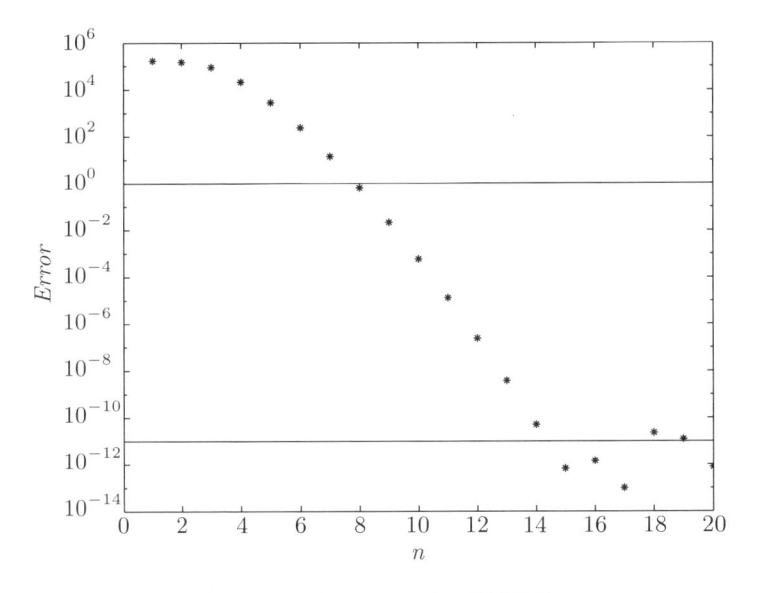

図 5.1 n 点ガウス公式の絶対誤差

被積分関数が解析的なら，理論誤差 $\Delta \hat{S}_n$ は等比数列的に減少することが知られている．$n = 14$ までの右下がりの部分はそれを反映している．$\Delta \hat{S}_n$ の絶対値が 10^{-11} 以下になると，ΔS_n が優勢になり，絶対誤差 $\left|\Delta \tilde{S}_n\right|$ の減少はそのレベルで停止してしまう．倍精度計算でたった 11 桁の精度か，と思われるかもしれないが，これが理論的にも限界の精度である．

5.6 線形変換の相対誤差限界と条件数

線形変換 $y = Ax$ の係数行列 $A \in \mathbf{R}^{n \times n}$ は正方で正則とする．$x = A^{-1}y$ ゆえ，

$$\|x\| \leq \|A^{-1}\| \cdot \|y\|$$

これと式 (5.14) より，

$$\frac{\|\Delta y\|}{\|y\|} \leq \frac{\|A\| \cdot \|\Delta x\|}{\|x\|/\|A^{-1}\|} = \{\|A\| \cdot \|A^{-1}\|\}\frac{\|\Delta x\|}{\|x\|}$$

である．右辺の因子 $\|A\|\cdot\|A^{-1}\|$ は線形変換における相対誤差の拡大率の指標であるから，

$$\mathrm{cond}(A) \equiv \|A\|\cdot\|A^{-1}\| \tag{5.21}$$

と書き，行列 A の**条件数**と呼ぶ．これを用いて，入出力相対誤差の関係は

$$\frac{\|\Delta\boldsymbol{y}\|}{\|\boldsymbol{y}\|} \leq \mathrm{cond}(A)\frac{\|\Delta\boldsymbol{x}\|}{\|\boldsymbol{x}\|} \tag{5.22}$$

である．

例として線形変換

$$\boldsymbol{y} = \begin{pmatrix} y_1 \\ y_2 \\ y_3 \\ y_4 \\ y_5 \\ y_6 \end{pmatrix} = \begin{pmatrix} 1 & \frac{1}{2} & \frac{1}{3} & \frac{1}{4} & \frac{1}{5} & \frac{1}{6} \\ \frac{1}{2} & \frac{1}{3} & \frac{1}{4} & \frac{1}{5} & \frac{1}{6} & \frac{1}{7} \\ \frac{1}{3} & \frac{1}{4} & \frac{1}{5} & \frac{1}{6} & \frac{1}{7} & \frac{1}{8} \\ \frac{1}{4} & \frac{1}{5} & \frac{1}{6} & \frac{1}{7} & \frac{1}{8} & \frac{1}{9} \\ \frac{1}{5} & \frac{1}{6} & \frac{1}{7} & \frac{1}{8} & \frac{1}{9} & \frac{1}{10} \\ \frac{1}{6} & \frac{1}{7} & \frac{1}{8} & \frac{1}{9} & \frac{1}{10} & \frac{1}{11} \end{pmatrix} \begin{pmatrix} x_1 \\ x_2 \\ x_3 \\ x_4 \\ x_5 \\ x_6 \end{pmatrix} = A\boldsymbol{x}$$

を調べる．これは一見あたりまえの計算だが，行列 A の逆行列を見ると

$$A^{-1} = \begin{pmatrix} 36 & -630 & 3360 & -7560 & 7560 & -2772 \\ -630 & 14700 & -88200 & 211680 & -220500 & 83160 \\ 3360 & -88200 & 564480 & -1411200 & 1512000 & -582120 \\ -7560 & 211680 & -1411200 & 3628800 & -3969000 & 1552320 \\ 7560 & -220500 & 1512000 & -3969000 & 4410000 & -1746360 \\ -2772 & 83160 & -582120 & 1552320 & -1746360 & 698544 \end{pmatrix}$$

と，絶対値の大きな要素が行列しているのに驚く．まず，行列 A の最大行絶対値和は第 1 行で達成されるので，

$$\|A\|_\infty = 1 + \frac{1}{2} + \frac{1}{3} + \frac{1}{4} + \frac{1}{5} + \frac{1}{6} = \frac{49}{20}$$

逆行列 A^{-1} の最大行絶対値和は第 5 行で達成され，

$$\|A^{-1}\|_\infty = 7560 + 220500 + \cdots + 1746360 = 11865420$$

5.6 線形変換の相対誤差限界と条件数

行列が絶対値の大きい要素を持つと必然的にノルムも大きくなる．条件数はこれらの積で，

$$\mathrm{cond}(A) \equiv \|A\| \cdot \|A^{-1}\| = \frac{49}{20} \cdot 11865420 = 29070279 \cong 3 \times 10^7$$

である．式 (5.22) より，単精度計算なら，丸め誤差単位 $u \cong 10^{-7}$ だから，

$$\frac{\|\Delta \bm{y}\|}{\|\bm{y}\|} \leq \mathrm{cond}(A) u \cong 3 \times 10^7 \cdot 10^{-7} = 3 \tag{5.23}$$

で，出力相対誤差が 3 程度に悪化する可能性を示す．結果は全くデタラメな数値となるであろう．少なくとも意味のある数値を期待するなら，倍精度計算が必要である．そのときでも，丸め誤差単位 $u \cong 10^{-16}$ ゆえ，

$$\frac{\|\Delta \bm{y}\|}{\|\bm{y}\|} \leq \mathrm{cond}(A) u \cong 3 \times 10^7 \cdot 10^{-16} = 3 \times 10^{-9}$$

の精度しか望めない．

さらに恐ろしいのは，このような極端な精度劣化の可能性が，いくつかの $\bm{x}$ で $A\bm{x}$ を数値計算してみるだけでは発見できないことである．絶対値が 1 未満の一様乱数を要素にした 100 万個のベクトル $\bm{x}$ で $\bm{y} = A\bm{x}$ を単精度計算してみた．実験は PentiumIII 相当の CPU を搭載したパソコン上で C 言語を使い，単精度演算の誤差を倍精度演算と比較して求めた．相対誤差の最大値は

$$\max \frac{\|\Delta \bm{y}\|}{\|\bm{y}\|} = 8.2 \times 10^{-6}$$

で，ひどい精度劣化は発見できなかった．

普通，このくらいのチェックをすれば，この計算ではひどい誤差は出ないと判定するだろう．しかし，特別なベクトル

$$\bm{x} = (21918, -618870, 4161360, -10780560, 11865420, -4665276)^{\mathrm{T}}$$

では，

$$\frac{\|\Delta \bm{y}\|}{\|\bm{y}\|} = 6.6 \times 10^{-2}$$

となり，式 (5.23) の範囲内だが，かなり大きな相対誤差がでた．理論上は，これの 50 倍程度の誤差が予想される．

線形変換を安全に行いたいなら，条件数を調べよう．少なくとも，異常に大きい相対誤差でお困りなら，条件数を調べてみよう．

5.7 線形方程式の誤差解析

線形方程式 $A\boldsymbol{x} = \boldsymbol{b}$ を解くことは，逆行列 A^{-1} で定義される線形変換 $\boldsymbol{x} = A^{-1}\boldsymbol{b}$ を行うことと等価である．したがって，入力絶対誤差 $\|\Delta\boldsymbol{b}\|$ と出力絶対誤差 $\|\Delta\boldsymbol{x}\|$ の関係は，式 (5.14) より，

$$\|\Delta\boldsymbol{x}\| \leq \|A^{-1}\| \cdot \|\Delta\boldsymbol{b}\| \tag{5.24}$$

である．また，相対誤差については，式 (5.22) より，

$$\frac{\|\Delta\boldsymbol{x}\|}{\|\boldsymbol{x}\|} \leq \mathrm{cond}(A)\frac{\|\Delta\boldsymbol{b}\|}{\|\boldsymbol{b}\|} \tag{5.25}$$

となる．これは，$\mathrm{cond}(A^{-1}) = \|A\| \cdot \|A^{-1}\| = \mathrm{cond}(A)$ からくる．

入力誤差が丸め誤差のみなら，$\|\Delta\boldsymbol{b}\|/\|\boldsymbol{b}\| \leq u$ だから，

$$\frac{\|\Delta\boldsymbol{x}\|}{\|\boldsymbol{x}\|} \leq \mathrm{cond}(A)u \tag{5.26}$$

となる．

行列 A の条件数が大きいときは，行きの正変換 $\boldsymbol{x} \to A\boldsymbol{x}$ のみならず，帰りの逆変換 $\boldsymbol{b} \to A^{-1}\boldsymbol{b}$ の計算でも精度劣化が起こりうる．

たとえば，前節の行列を係数行列とする線形方程式

$$A\boldsymbol{x} = \boldsymbol{b}$$

をガウス消去法で解く．右辺を $\boldsymbol{b} = A(1,\cdots,1)^{\mathrm{T}}$ としたので，解は $\boldsymbol{x} = (1,\cdots,1)^{\mathrm{T}}$ である．

単精度による計算結果は

$$\tilde{x} = \begin{pmatrix} 1.00\cdots \\ 0.99\cdots \\ 1.04\cdots \\ 0.87\cdots \\ 1.14\cdots \\ 0.94\cdots \end{pmatrix} = \begin{pmatrix} 1 \\ 1 \\ 1 \\ 1 \\ 1 \\ 1 \end{pmatrix} + \begin{pmatrix} +0.000\cdots \\ -0.007\cdots \\ +0.048\cdots \\ -0.127\cdots \\ +0.141\cdots \\ -0.056\cdots \end{pmatrix} = x + \Delta x$$

であった．特に，第 5 要素では誤差が絶対値で 14% にも達する．

5.8　まとめ

「目的」に書いたように，係数行列に特別な構造がないときには，ガウス消去法は最良である．現在，ガウス消去法以外にもたくさんの方法が提案されているが，それらは係数行列のなんらかの特殊性を利用する．係数行列が，その成分のほとんどが零である疎行列なら，CG 法，SOR 法などの反復解法がより効率的になりうる．ガウス消去法にも，さまざまな特殊性に対応した変種がある．これらについては Golub-Van Loan[48] に，プログラミングの要点にいたるまで詳しく書かれている．

後半は，入出力誤差解析について述べたが，数値計算における誤差の原因には他に理論誤差と演算誤差がある．理論誤差は，近似法自体が持つ誤差であり，それについて知るには個々の近似法に関する誤差理論を学ぶ必要がある．演算誤差は浮動小数点演算に起因する誤差である．基本的な数値計算法における演算誤差の解析については，Wilkinson[51]，Higham[49] の名著がある．

紙面の関係で割愛したが，固有値と固有ベクトル，特異値と特異ベクトルも線形系を解析する上で重要である．これらの数値計算法についても，[48] に詳しい．特に対称行列の固有値問題については，Parlett[50] をおすすめする．

ここで紹介したガウス消去法をはじめ，豊富な線形計算ルーチンが FORTRAN77 のサブルーチンとして科学計算ライブラリ NUMPAC[52]，線形代数パッケージ LAPACK[53] に用意されている．LAPACK には，他の言語，FORTRAN95，C，C++，Java で利用できるパッケージも提供されている．

第6章
非線形方程式と反復法
~みがけば光る~

本章の目的

方程式 $f(x) = 0$ において，$f(x)$ が高次の多項式であったり指数関数や三角関数などを含んでいるときには一般には直接解を表すような式は得られない．このような場合には，まず適当な解の近似値を与えておき，この値がより解に近くなるように修正をする．この修正をくり返す（反復する）ことで近似解にみがきをかけていく．

本章では，非線形方程式の反復解法について述べる．また，$f(x)$ が多項式のときの収束判定や多重解があるときの反復法の振る舞いについても説明する．

6.1 反復法と不動点 ~$x = F(x)$？~

方程式 $f(x) = 0$ の一つの解を x^* とし，はじめに与える近似解を $x^{(0)}$ とする．適当な関数 $F(x)$ を用意し，

$$x^{(1)} = F(x^{(0)})$$

によって新しい近似解 $x^{(1)}$ を求める．さらに $x^{(1)}$ についても同様にして

$$x^{(2)} = F(x^{(1)})$$

によって $x^{(2)}$ を求める．これをくり返すと

$$x^{(k+1)} = F(x^{(k)}) \quad (k = 0, 1, 2, \cdots)$$

となり，近似解の列 $x^{(0)}, x^{(1)}, x^{(2)}, \cdots$ が得られる．反復によって解を求めるためには，この数列が解に近づいていき，解の十分近くでとどまることが必要である．

反復の式 $F(x)$ によって結果が変わらない，つまり

$$x = F(x)$$

となるとき，このような点は**不動点**と呼ばれる．$F(x)$ として

$$F(x) = x - f(x) \tag{6.1}$$

を考える．$f(x) = 0$ の解 x^* において

$$F(x^*) = x^* - f(x^*) = x^*$$

なので x^* は $F(x)$ の不動点である．

次に，どのようなときに反復によって近似解が解に近づいていくかをみてみよう．反復の式より

$$x^{(k+1)} - x^* = F(x^{(k)}) - x^* = F(x^{(k)}) - F(x^*)$$

となる．$F'(x)$ は解 x^* を含む閉区間で連続とする．平均値の定理から

6.1 反復法と不動点

$$F(x^{(k)}) = F(x^*) + F'(\xi)(x^{(k)} - x^*)$$

となる ξ が $x^{(k)}$ と x^* の間にあり,

$$|F(x^{(k)}) - F(x^*)| = |F'(\xi)||x^{(k)} - x^*|$$

となる.したがって,

$$|x^{(k+1)} - x^*| = |F'(\xi)||x^{(k)} - x^*| \tag{6.2}$$

となり,$|F'(\xi)| < 1$ ならば次の近似解 $x^{(k+1)}$ は $x^{(k)}$ よりも解に近くなることがわかる.つまり解と近似解を含むような適当な区間内で $|F'(x)| < 1$ であればいいことになる.

ここで $f(x) = x - \cos x$ としたときの解を式 (6.1) で求めてみる.反復の式は

$$F(x) = x - f(x) = \cos x$$

となる.このとき $|F'(x)| = |\sin x|$ となる.初期値を $x^{(0)} = 0.2$ とする.以下の計算はすべて倍精度(10 進約 16 桁)で行っている.

表 6.1 に,反復回数 k,近似解 $x^{(k)}$,近似解の相対誤差 $|x^{(k)} - x^*|/|x^*|$,近似解での関数値 $f(x^{(k)})$ を示す.近似解 $x^{(k)}$ は真の解 $x^* = 0.7390851\cdots$

表 6.1 反復法の計算結果(単純反復)

反復回数	近似解	相対誤差	関数値
0	0.200000000000000	7.29E−01	−7.80E−01
1	0.980066577841242	3.26E−01	4.23E−01
2	0.556967252809642	2.46E−01	−2.92E−01
3	0.848862165658271	1.49E−01	1.88E−01
4	0.660837551116615	1.06E−01	−1.27E−01
5	0.789478437766868	6.82E−02	8.53E−02
⋮	⋮	⋮	⋮
27	0.739093716748842	1.16E−05	1.44E−05
28	0.739079351216393	7.82E−06	−9.68E−06
29	0.739089028026729	5.27E−06	6.52E−06
30	0.739082509617631	3.55E−06	−4.39E−06

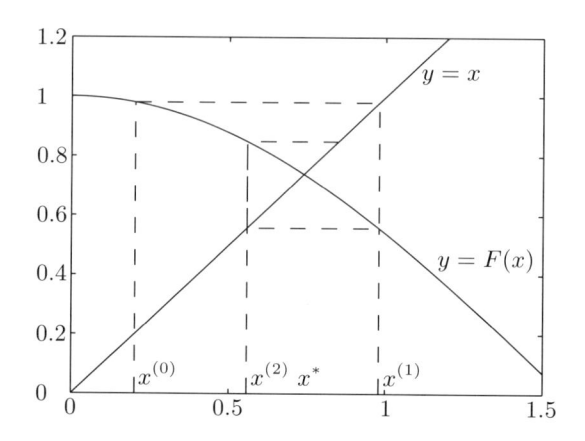

図 6.1 反復による収束の様子（単純反復）

に近づいていき，その誤差は反復の回数にしたがって等比的に減少している．このような収束を**線形収束**と呼ぶ．$\sin x^* \approx 0.67$ であるので，解の近くでは 1 回の反復で誤差はほぼ 0.67 倍になっている．

図 6.1 にどのように近似解が収束していくかを示す．$y = F(x)$ と $y = x$ の交点が解 x^* である．初期値が $x^{(0)} = 0.2$ のとき，$F(x^{(0)})$ から右に水平な線をひいて $y = x$ と交わった x 座標が次の近似解 $x^{(1)}$ となる．同様にして $x^{(2)}, x^{(3)}, \cdots$ が得られる．

6.2 ニュートン法 〜もっとはやく〜

前節で示した反復法では，30 回反復して近似解の誤差は 10^{-6} 程度であった．また，関数によっては初期値がいくら解に近くても $|F'(x)| < 1$ とは限らない．そこで反復の式を

$$F(x) = x - g(x)f(x) \tag{6.3}$$

とし，解の近くで $|F'(x)|$ が小さくなるような $g(x)$ を見つけることにする．

$F(x)$ を微分すると

$$F'(x) = 1 - g'(x)f(x) - g(x)f'(x)$$

表 6.2 反復法の計算結果（ニュートン法）

反復回数	近似解	相対誤差	関数値
0	0.200000000000000	7.29E–01	−7.80E–01
1	0.850777122431116	1.51E–01	1.91E–01
2	0.741530193469262	3.31E–03	4.09E–03
3	0.739086449877212	1.78E–06	2.20E–06
4	0.739085133215543	5.17E–13	6.40E–13
5	0.739085133215161	4.51E–16	0.0

となる．$f(x)$ の解 x^* において $F'(x) = 0$ となるような $g(x)$ を求める．

$$F'(x^*) = 1 - g'(x^*)f(x^*) - g(x^*)f'(x^*) = 0$$

であるが，$f(x^*) = 0$ であることから

$$g(x^*) = 1/f'(x^*)$$

となる．そこで $g(x)$ として $1/f'(x)$ を用いることにする．

反復の式は

$$x^{(k+1)} = x^{(k)} - f(x^{(k)})/f'(x^{(k)}), \quad k = 0, 1, 2, \cdots$$

となる．この方法はニュートン法と呼ばれている．

先ほどの関数 $f(x) = x - \cos x$ についてニュートン法の計算結果を表 6.2 に示す．5 回目の反復で近似解の誤差は 10^{-15} 以下になっている．4 回目の反復までは $x^{(k+1)}$ の誤差は $x^{(k)}$ の誤差の 2 乗に比例して小さくなっており，このような収束を **2 次収束**と呼ぶ．図 6.2 にニュートン法の場合の近似解の様子を示す．この図から，x^* の近くでは $F(x)$ の傾きは 0 に近く，反復によって近似解が急速に解に近づいていくことがわかる．

6.3 反復の停止と多項式の減次 〜これで十分〜

6.3.1 収束判定

反復によって近似解を求めるときには，近似解が解に十分に近づいたかどうか判定して反復を停止する必要がある．この節ではいくつかの多項式の例

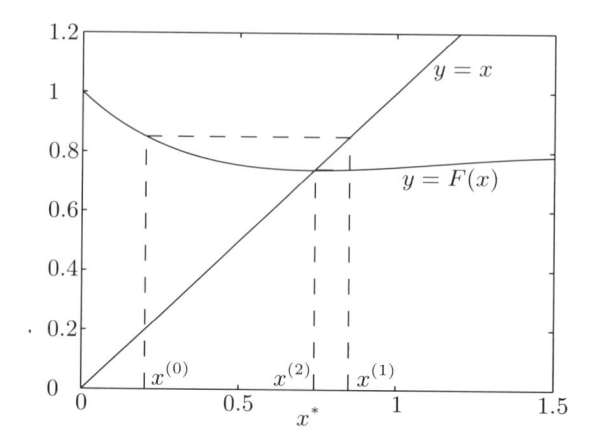

図 6.2 反復による収束の様子（ニュートン法）

を示して，反復の過程で近似解の誤差や関数値にどのようなことが起こるかを見る．

$f(x)$ が多項式

$$f(x) = x^3 - 4x^2 + 5x - 2 \tag{6.4}$$

の場合についてニュートン法を適用する．$f(1) = 0$ なので $x = 1$ はこの多項式の零点である．

初期値を $x^{(0)} = 1.1$ としたときのニュートン法の結果を表 6.3 に示す．この表からわかるように 2 次収束していない．さらに誤差は 10^{-8} 程度で止まっている．ところが関数値は 10^{-16} 近くまで小さくなっている．

この多項式は

$$f(x) = x^3 - 4x^2 + 5x - 2 = (x-1)^2(x-2)$$

と因数分解できるので，$x = 1$ は多重度が 2 の解である．

次に多重度が 4 の解を持つ多項式

$$\begin{aligned} f(x) &= (x-1)^4(x-2) \\ &= x^5 - 6x^4 + 14x^3 - 16x^2 + 9x - 2 \end{aligned} \tag{6.5}$$

に同様にニュートン法を適用したときの結果を表 6.4 に示す．

6.3 反復の停止と多項式の減次

表 6.3 ニュートン法の計算結果（2 重解）

反復回数	近似解	相対誤差	関数値
0	1.100000000000000	1.00E–01	−9.00E–03
1	1.047058823529414	4.71E–02	−2.11E–03
2	1.022933730454211	2.29E–02	−5.14E–04
3	1.011330691781323	1.13E–02	−1.27E–04
4	1.005632694807571	5.63E–03	−3.15E–05
5	1.002808348003841	2.81E–03	−7.86E–06
⋮	⋮	⋮	⋮
20	1.000000084432623	8.44E–08	−7.11E–15
21	1.000000042355118	4.24E–08	−1.78E–15
22	1.000000021385315	2.14E–08	−4.44E–16
23	1.000000011002273	1.10E–08	−2.22E–16
24	1.000000000911422	9.11E–10	4.44E–16
25	1.000000244535773	2.45E–07	−5.97E–14

表 6.4 ニュートン法の計算結果（4 重解）

反復回数	近似解	相対誤差	関数値
0	1.100000000000000	1.00E–01	−9.00E–05
1	1.074285714285538	7.43E–02	−2.82E–05
2	1.055334083239829	5.53E–02	−8.86E–06
3	1.041294976225338	4.13E–02	−2.79E–06
4	1.030858851528491	3.09E–02	−8.79E–07
5	1.023082233953363	2.31E–02	−2.77E–07
⋮	⋮	⋮	⋮
20	1.000305511073592	3.06E–04	−9.99E–15
21	1.000217877871124	2.18E–04	−1.55E–15
22	1.000180298417422	1.80E–04	−2.22E–15
23	1.000085551202990	8.56E–05	−6.66E–16
24	0.999819593756181	1.80E–04	−6.66E–16
25	0.999847949143705	1.52E–04	−1.78E–15

第6章 非線形方程式と反復法

表 6.5 ニュートン法の計算結果 ($x^{(0)} = 1.1$)

反復回数	近似解	相対誤差	関数値
0	1.100000000000000	1.00E–01	−8.46E+15
1	0.940756453365653	5.92E–02	8.87E+15
2	0.989928392036904	1.01E–02	1.27E+15
3	0.999654048651077	3.46E–04	4.21E+13
4	0.999999575984542	4.24E–07	5.16E+10
5	0.999999999999363	6.37E–13	7.94E+04
6	1.000000000000015	1.51E–14	−1.02E+03
7	1.000000000000007	6.66E–15	0.0

　この場合には，解の多重度が 2 のときよりもさらにゆっくりと誤差が小さくなっており，10^{-4} 程度までしか小さくなっていない．倍精度計算の計算桁数と比較して，4 分の 1 の桁数しか合っていないことになる．ただし，関数値は 10^{-15} 程度になっている．解の多重度が 2 以上のとき，ニュートン法は線形収束になる．また，多重度を m としたとき，近似解は計算桁数のおよそ m 分の 1 の精度しか得られない．

　このように近似解の精度は多重度が大きくなるにつれて低下するが，多重度が 1 であっても解の配置によっては近似解の精度が得られない場合がある．次のような 20 次の多項式について数値例を表 6.5 に示す．

$$f(x) = (x-1)(x-2)\cdots(x-19)(x-20)$$
$$= x^{20} - 210x^{19} + 20615x^{18} + \cdots \quad (6.6)$$

この多項式は $x = 1, 2, \cdots, 20$ で 0 となり，多重度はすべて 1 である．初期値を $x^{(0)} = 1.1$ とする．収束は 2 次収束になっており，6 回の反復で近似解の誤差は 10^{-15} 近くまで小さくなっている．ところが関数値の大きさは 10^3 程度ある．

　次に $x^* = 15$ とし，初期値を $x^{(0)} = 15.1$ としてみる．表 6.6 に結果を示す．近似解は 4 桁程度しか合わず，先ほどの 4 重解の例とあまり変わらない．このとき関数値の大きさは 10^{10} 以上もある．

　多項式の零点近傍での計算では，0 に近い値を求めようとしているために桁落ちが起こる．特にここで示した例では計算途中で非常に大きな値が現れ

6.3 反復の停止と多項式の減次

表 6.6 ニュートン法の計算結果 ($x^{(0)} = 15.1$)

反復回数	近似解	相対誤差	関数値
0	15.100000000000000	1.00E−01	−1.16E+12
1	15.002951124190233	2.95E−03	4.95E+09
2	15.003421298649563	3.42E−03	−6.47E+10
3	14.997266631570470	2.73E−03	2.90E+11
4	15.025038593946853	2.50E−03	−1.55E+11

るため，有効桁が失われて結果がこれ以上小さくならない．そこで計算の途中でどの程度大きな値が現れるかを見積もり，これによって桁落ちの大きさを推定する．

そのために，まず多項式の値の計算方法から示す．n 次の多項式を

$$f(x) = a_0 x^n + a_1 x^{n-1} + \cdots + a_{n-1} x + a_n$$

とする．次のように変形し，内側の括弧から順に外側に計算していくことで x の冪乗の計算を避けることができる．

$$f(x) = ((\cdots((a_0 x + a_1)x + a_2)x + \cdots)x + a_{n-1})x + a_n$$

この計算法は**ネスティング法**と呼ばれており，アルゴリズムで示すと次のようになる．この計算により b_n に $f(x)$ の値が入る．

$b_0 \leftarrow a_0$
for $i = 1, 2, \cdots, n$
    $b_i \leftarrow b_{i-1} \times x + a_i$
endfor

この計算途中で現れる最も大きな値と，最後に得られる値の桁数の差が桁落ちの桁数と考えられる．その値を推定するために，次のように途中の計算においてすべて絶対値をとった値を用いる．

表 6.7 収束の基準値 ($x^{(0)} = 1.1$)

反復回数	近似解	関数値	基準値
0	1.100000000000000	3.59E–01	5.70E–15
1	0.986862003780719	−5.32E–02	4.79E–15
2	0.999832917504693	−6.68E–04	4.88E–15
3	0.999999972095097	−1.12E–07	4.88E–15
4	0.999999999999999	−3.55E–15	4.88E–15

$\tilde{b}_0 \leftarrow |a_0|$
for $i = 1, 2, \cdots, n$
    $\tilde{b}_i \leftarrow \tilde{b}_{i-1} \times |x| + |a_i|$
endfor

このようにして求めた $\tilde{b}_n$ を $f(x)$ の値を計算するときに途中で現れる値の上限とみなす．この値にマシンイプシロン ε をかけた値はそれより小さな値は桁落ちですべての有効桁が失われている可能性があることを示している．そこで

$$|b_n| \leq \varepsilon \tilde{b}_n$$

となったとき，これ以上反復をしても精度の改善はできないものと判断し，反復を停止する．

表 6.7 に多項式が

$$f(x) = x^4 - 5x^3 + 5x^2 + 5x - 6 \tag{6.7}$$

のとき，ニュートン法を適用した例を示す．この多項式では $x = 1$ は多重度 1 である．基準値は $\varepsilon \tilde{b}_n$ で $\varepsilon = 2.2 \times 10^{-16}$ としている．4 回めの反復で関数値の絶対値が基準値を下まわり，このとき近似解は 1 となっている．

多重度 2 の例で用いた式 (6.4) に対する結果を表 6.8 に示す．20 回反復後に関数値の絶対値が基準値を下まわっている．多項式が式 (6.6) のとき結果は表 6.9 のようになった．このとき基準値も 10^{12} 程度の大きさになっており，関数値がこれより小さくなることは期待できないことを示している．

6.3 反復の停止と多項式の減次

表 6.8 収束の基準値 ($x^{(0)} = 1.1$)

反復回数	近似解	関数値	基準値
0	1.100000000000000	$-9.00\text{E}-03$	$1.34\text{E}-13$
1	1.047058823529414	$-2.11\text{E}-03$	$1.26\text{E}-14$
2	1.022933730454211	$-5.14\text{E}-04$	$1.21\text{E}-14$
3	1.011330691781323	$-1.27\text{E}-04$	$1.17\text{E}-14$
4	1.005632694807571	$-3.15\text{E}-05$	$1.14\text{E}-14$
5	1.002808348003841	$-7.86\text{E}-06$	$1.12\text{E}-14$
⋮	⋮	⋮	⋮
18	1.000542951052666	$-8.70\text{E}-14$	$1.07\text{E}-14$
19	1.000406907207679	$-2.73\text{E}-14$	$1.07\text{E}-14$
20	1.000000084432623	$-7.11\text{E}-15$	$1.07\text{E}-14$
21	1.000000042355118	$-1.78\text{E}-15$	$1.07\text{E}-14$
22	1.000000021385315	$-4.44\text{E}-16$	$1.07\text{E}-14$
23	1.000000011002273	$-2.22\text{E}-16$	$1.07\text{E}-14$

表 6.9 収束の基準値 ($x^{(0)} = 15.1$)

反復回数	近似解	関数値	基準値
0	15.100000000000000	$-1.16\text{E}+12$	$1.91\text{E}+12$
1	15.002951124190233	$4.95\text{E}+09$	$1.76\text{E}+12$
2	15.003421298649563	$-6.47\text{E}+10$	$1.76\text{E}+12$
3	14.997266631570470	$2.90\text{E}+11$	$1.75\text{E}+12$
4	15.025038593946853	$-1.55\text{E}+11$	$1.79\text{E}+12$

ネスティング法の計算で b_i や $\tilde{b}_i$ のような配列を利用したが，後で途中結果を利用する必要がなければ結果を上書きし，単に変数 b や $\tilde{b}$ を利用するとメモリを節約できる．ニュートン法のように $f'(x)$ の値も必要なときには途中結果を保存しておき，ネスティング法を再度適用する．次のような計算で c_{n-1} に $f'(x)$ の値が入る．

$c_0 \leftarrow b_0$
for $i = 1, 2, \cdots, n-1$
    $c_i \leftarrow c_{i-1} \times x + b_i$
endfor

6.3.2 減 次

$f(x)$ が n 次多項式のとき,多重度も含めて n 個の零点がある.ニュートン法などの反復法で一つの零点が得られたとき,$f(x)$ からこの零点を取り除いて 1 次次数の低い多項式を求めることで,別の解を求めることができる.このような計算を**減次**という.

$f(x) = 0$ の一つの解を x^* とする.$f(x)$ を 1 次式 $x - \alpha$ で割った商を $q(x)$,剰余を r とおくと,

$$f(x) = q(x)(x - \alpha) + r \tag{6.8}$$

と表される.ネスティング法を適用して $b_0, \cdots, b_n$ を求めると

$$q(x) = b_0 x^{n-1} + \cdots + b_{n-1}$$

となり,$b_n = r$ である.

$\alpha = x^*$ のときには $r = 0$ であり,

$$f(x) = (x - x^*)q(x)$$

となる.したがって,このときには $q(x)$ は $f(x)$ から $(x - x^*)$ を除いた多項

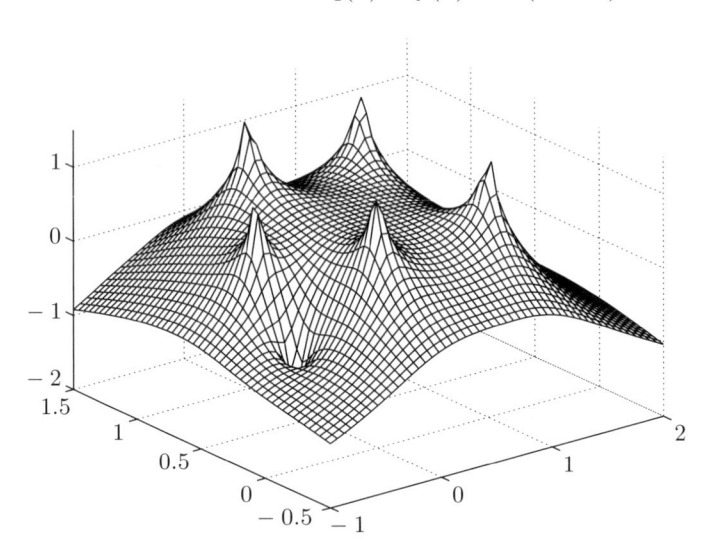

図 6.3　$-\log_{10}|f(x)/(x-\alpha)|$ のグラフ $(\alpha = -0.5 + 0.2\mathrm{i})$

6.3 反復の停止と多項式の減次

式になる．

ここで，適当な α に対して

$$h(x) = -\log_{10} |f(x)/(x-\alpha)|$$

とおき，複素平面上で $h(x)$ の値を見てみる．関数が

$$f(x) = x(x-1)(x-\mathrm{i})(x-(1+\mathrm{i}))(x-(-0.5-0.5\mathrm{i}))$$

で，$\alpha = -0.5 + 0.2\mathrm{i}$ のときのグラフを図 6.3 に示す．$f(x) = 0$ となる点で $h(x)$ は無限大となり，グラフではピークが現れている．$x = \alpha$ では $h(x)$ はマイナス無限大となり，グラフでは曲面に凹みがある．

$f(x) = 0$ の一つの解 $x = 1$ の近くに α をとったときのようすを図 6.4 に示す．ここでは $\alpha = 0.05$ としている．このとき，$f(x)$ の零点と α が互いに打ち消し合って，グラフのピークが消えていることがわかる．

多項式の零点の配置によっては減次の計算は不安定になり，得られる次数の低い多項式の係数が誤差を含んでしまう．そのため，減次の計算は誤差の影響を少なくするような工夫が必要となる．$\tilde{q}(x)$ と $\tilde{r}$ が

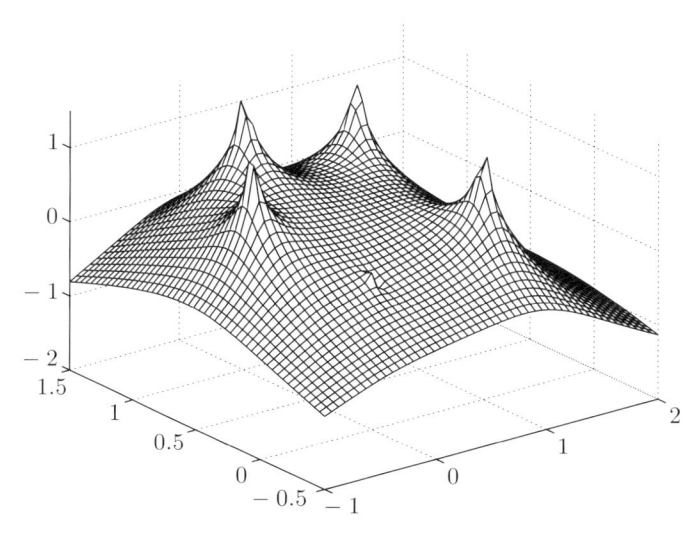

図 6.4 　$-\log_{10} |f(x)/(x-\alpha)|$ のグラフ $(\alpha = 0.05)$

$$f(x) = \tilde{q}(x)(x - \alpha) + \tilde{r}x^n \tag{6.9}$$

の関係をみたすとき，$\alpha = x^*$ のときには $\tilde{r} = 0$ となり，$\tilde{q}(x) = q(x)$ となる．したがって，このような関係をみたす $\tilde{q}(x)$ を求めても減次をしていることになる．

$f(x)$ の配置によって式 (6.8) を用いたほうが精度がよい場合と，式 (6.9) を用いたほうがよい場合がある．これらの減次法を組み合わせて，次のようにするとより誤差の影響が少なくなる．

$q(x)$ の係数は次のようにして得られる．

$q_0 \leftarrow a_0$
for $i = 1, 2, \cdots, n$
　　$q_i \leftarrow q_{i-1} \times \alpha + a_i$
endfor

また，$\tilde{q}(x)$ の係数は次のようにして得られる．

$\tilde{q}_n \leftarrow -a_n/\alpha$
for $i = n-1, n-2, \cdots, 0$
　　$\tilde{q}_i \leftarrow (q_{i+1} - a_i)/\alpha$
endfor

$|a_k||\alpha|^{n-k}$ の値が最大となる k を求め，これを $k_{\max}$ とおく．減次した多項式の係数のうち，$k = 0, \cdots, k_{\max} - 1$ までは $\tilde{q}_k$ を用い，$k = k_{\max}, \cdots, n$ までは q_k を用いることで，減次の影響を少なくすることができる．

6.3.3　低次代数方程式の解法

4次までの代数方程式については解の公式が存在し，反復を用いないで解を計算することができる．しかしこれらの公式では桁落ちを起こすことがあり，そのまま計算機で用いることはすすめられない．

$f(x)$ が 2 次の実係数多項式

6.3 反復の停止と多項式の減次

$$f(x) = ax^2 + bx + c \quad (a \neq 0)$$

について，桁落ちが起こる理由とその対策を示す．

$f(x) = 0$ の解は

$$x = \frac{-b \pm \sqrt{b^2 - 4ac}}{2a}$$

によって与えられる．判別式が正のとき，b と $\sqrt{b^2 - 4ac}$ の値が近いとこの二つの値の和または差の計算のどちらかで桁落ち計算となる．

解の公式の計算に現れる $\pm$ の選択を，$-b$ が正のとき

$$-b + \sqrt{b^2 - 4ac}$$

とすると，二つの正の数の和になるため桁落ちは起きない．また，負のときは

$$-b - \sqrt{b^2 - 4ac}$$

とすると，やはり桁落ちは発生しない．

二つの解を α, β としたとき，解と係数の関係から $\alpha\beta = c/a$ である．上記のようにして解の一方を計算したあとで，解と係数の関係を用いてもう一方の解を計算する．符号の選択のための関数 $\mathrm{sign}(b)$ を

$$\mathrm{sign}(b) = \begin{cases} 1 & (b \geq 0) \\ -1 & (b < 0) \end{cases}$$

と定義する．これを用いて次のように二つの解を計算する．

$$\begin{cases} \alpha = \dfrac{-b - \mathrm{sign}(b)\sqrt{b^2 - 4ac}}{2a} \\ \beta = \dfrac{c}{a\alpha} \end{cases}$$

2 解が複素共役のときにはこのような問題は起こらない．

3 次方程式の解の公式はカルダノの公式[1]として知られている．4 次の代数方程式の解法はフェラリの公式[2]として知られている．これらの公式は複雑

---

[1] 実際に見つけたのはカルダノではなく，彼はフォンタナ（タルタリアとも呼ばれている）から聞いた公式を発表したとされる．

[2] フェラリはカルダノの弟子．

で，桁落ち対策も簡単ではないため，すでに用意されている数値計算ライブラリのプログラムを利用することをすすめる．名古屋大学数学ソフトウェアパッケージ NUMPAC[66] では，実係数 3，4 次方程式の倍精度サブルーチンとして，CUBICD，QUARTD が用意されている．

5 次以上の代数方程式は一般には代数的に解けないため，反復法を用いることになる．

6.4 関数の近似と反復法 〜近いもので表す〜

関数 $f(x)$ の $x = x^{(0)}$ における接線の式は

$$y = f(x^{(0)}) + f'(x^{(0)})(x - x^{(0)})$$

となる．この 1 次式が 0 となる点を $f(x) = 0$ の解の近似値として，$x^{(1)}$ とおく．このとき

$$x^{(1)} = x^{(0)} - \frac{f(x^{(0)})}{f'(x^{(0)})}$$

となる．これは先ほど示したニュートン法の式であり，$f(x)$ の 1 次のテーラー展開で $f(x)$ を近似していることになる．

2 次のテーラー展開から得られる 2 次方程式

$$f(x^{(0)}) + f'(x^{(0)})(x - x^{(0)}) + \frac{f''(x^{(0)})}{2!}(x - x^{(0)})^2 = 0$$

の零点のうち，$x^{(0)}$ に近いほうを次の近似解とするのがオイラー法であり，これは 3 次収束する．オイラー法は 2 次式を用いているため，近似解の近くに二つ以上の解があるときに有効である．

近似解の近くに二つ以上の解があるとき，ニュートン法を適用した様子を図 6.5 に示す．$f(x)$ は

$$f(x) = x(x-1)(x-\mathrm{i})(x-1-\mathrm{i})$$

とし，$x^{(0)} = 1.1 + 0.5\mathrm{i}$ とした．

図中で '+' は複素平面上の零点の位置を示しており，'○' は近似解の位置を

6.4 関数の近似と反復法

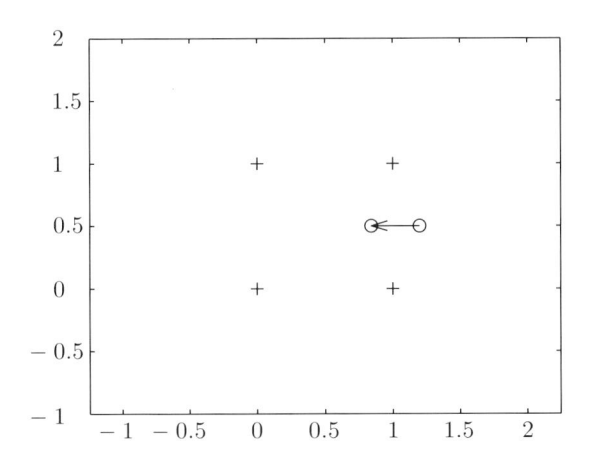

図 6.5 近くに二つ以上の解があるときのニュートン法の例

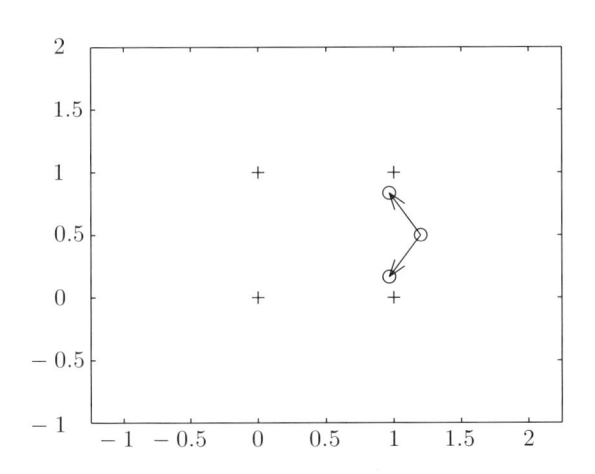

図 6.6 近くに二つ以上の解があるときのオイラー法の例

示している．ニュートン法の修正は，近くの解の方向に向かっていないことがわかる．

ハレー法は $f''(x)$ までを用いて 3 次収束する方法で，新しい近似解は次式のようになる．

$$x^{(1)} = x^{(0)} - \frac{f(x^{(0)})}{f'(x^{(0)}) - \dfrac{f(x^{(0)})f''(x^{(0)})}{2f'(x^{(0)})}}$$

これは $x^{(0)}$ において $f(x)$ と 2 階導関数値まで一致するような分子,分母がともに 1 次式の有理式を求め,その分子の零点を近似解とすることで得られる.

$f(x)$ が重複した零点を持つ場合でも $f(x)/f'(x)$ の零点はすべて多重度が 1 になる.そのため,$g(x) = f(x)/f'(x)$ として $f(x)$ の代わりに $g(x)$ の零点を求める方法を考えると,多重解に対しても 2 次以上の収束次数の方法を導くことができる.ニュートン法を $g(x)$ に適用すると

$$\begin{aligned} x^{(1)} &= x^{(0)} - \frac{g(x^{(0)})}{g'(x^{(0)})} \\ &= x^{(0)} - \frac{f(x^{(0)})}{f'(x^{(0)}) - \dfrac{f(x^{(0)})f''(x^{(0)})}{f'(x^{(0)})}} \end{aligned}$$

となる.この反復公式はハレー法と似ているが,ハレー法が多重度 1 の解に対して 3 次収束,2 以上の解に対して線形収束するのに対して,この方法は多重度に関わらず 2 次収束する.

$f(x)$ の高階導関数を用いる代わりに,複数の点での関数値を用いて補間によって近似式を求める方法も考えられる.

2 点 $x^{(0)}$ と $x^{(1)}$ を通る直線は

$$y = \frac{f(x^{(1)}) - f(x^{(0)})}{x^{(1)} - x^{(0)}}(x - x^{(1)}) + f(x^{(1)})$$

となり,これが 0 となる点を $x^{(2)}$ とおくと,

$$x^{(2)} = x^{(1)} - \frac{f(x^{(1)})(x^{(1)} - x^{(0)})}{f(x^{(1)}) - f(x^{(0)})}$$

となる.これは割線法と呼ばれる.

このように,関数 $f(x)$ に対してどのような近似式を用いるかによってさまざまな反復公式を導くことができる.

NUMPAC[66] では,代数方程式の解法として

実係数(倍精度実数)向きの解法: 　　GJMNKD
複素係数(倍精度複素数)向きの解法:POLESB

が用意されている.

GJMNKD は文献[54] の方法,POLESB は文献[60] の方法を用いている.これらの解法は,$f(x)/f'(x)$ に対する有理式による近似を用いており,方程式 $f(x) = 0$ が多重解を持つ場合でも比較的早く解が得られる特徴がある.

非線形方程式の解法ルーチンとして NOLEQD がある.この方法では,方程式と解の存在範囲を与えるとその中にある一つの解を計算する.いったん近似解を捕捉したあと,関数の振る舞いに応じて,二分法,割線法,二次逆補間法を使い分けて確実,急速に解を求める.

6.5 多変数連立非線形方程式の解法〜変数が増えると〜

n 変数を $x_1, x_2, \cdots, x_n$ としたとき,n 変数の非線形方程式を

$$f_1(x_1, x_2, \cdots, x_n) = 0,$$
$$f_2(x_1, x_2, \cdots, x_n) = 0,$$
$$\vdots$$
$$f_n(x_1, x_2, \cdots, x_n) = 0$$

とする.ここで

$$\boldsymbol{x} := \begin{pmatrix} x_1 \\ x_2 \\ \vdots \\ x_n \end{pmatrix}, \quad \boldsymbol{f}(x_1, x_2, \cdots, x_n) := \begin{pmatrix} f_1(x_1, x_2, \cdots, x_n) \\ f_2(x_1, x_2, \cdots, x_n) \\ \vdots \\ f_n(x_1, x_2, \cdots, x_n) \end{pmatrix}$$

とおいたとき,方程式は

$$\boldsymbol{f}(\boldsymbol{x}) = \boldsymbol{0}$$

と表される.ここで $\boldsymbol{0}$ は要素がすべて 0 のベクトルである.

初期値を $\boldsymbol{x}^{(0)} = (x_1^{(0)}, x_2^{(0)}, \cdots, x_n^{(0)})^T$ とする.1 変数のニュートン法のと

きの $f'(x)$ に対応するのは，多変数のときにはヤコビ行列

$$J(\boldsymbol{x}) := \begin{pmatrix} \dfrac{\partial}{\partial x_1} f_1(\boldsymbol{x}) & \cdots & \dfrac{\partial}{\partial x_n} f_1(\boldsymbol{x}) \\ \vdots & & \vdots \\ \dfrac{\partial}{\partial x_1} f_n(\boldsymbol{x}) & \cdots & \dfrac{\partial}{\partial x_n} f_n(\boldsymbol{x}) \end{pmatrix}$$

である．これを用いて多変数のニュートン法は

$$\boldsymbol{x}^{(k+1)} = \boldsymbol{x}^{(k)} - J^{-1}(\boldsymbol{x}^{(k)}) \boldsymbol{f}(\boldsymbol{x}^{(k)}), \quad k = 0, 1, \cdots$$

と表される．

実際には $J^{-1}(\boldsymbol{x}^{(k)})$ の計算を行わず，線形方程式

$$J(\boldsymbol{x}^{(k)}) \Delta \boldsymbol{x}^{(k)} = \boldsymbol{f}(\boldsymbol{x}^{(k)})$$

を解き，$\boldsymbol{x}^{(k+1)} = \boldsymbol{x}^{(k)} - \Delta \boldsymbol{x}^{(k)}$ とする．

6.6 まとめ

非線形方程式 $f(x) = 0$ の解を求めるときに，近似法を考えることでさまざまな反復公式が得られることをみてきた．方程式の反復解法については文献 [58, 62] にいろいろな方法が示されている．代数方程式に対して複数の解を同時に求める同時反復解法については文献 [55, 57] などに示されている．また，多項式の係数がその零点に与える影響については文献 [55, 61, 63] などが参考になる．

数値計算を行うときに行列やベクトルなどが簡単に扱える言語として MAT-LAB[64] や Scilab[65] がある．これらの言語は対話的に実行することができ，グラフなどの表示機能も豊富なため，数値計算のアルゴリズムや性質を理解するのに適している．これらの言語の利用法や計算法については文献[59]を参照されたい．

第7章
線形最小2乗法
〜過ぎたるはおよばざるがごとし〜

本章の目的

　最小2乗法によるあてはめは実験データ解析の基本的な手法であり，自然科学，工学はもとより実験を行うあらゆる分野で広く用いられる．あてはめとは，与えられたデータに対して，なるべくよく合うように近似モデルのパラメータを決めることである．多数のパラメータを含むと複雑なモデルを扱うことになり，必ずしもよい結果が得られない．ここでは，線形最小2乗法にしぼって計算のつぼ—効率が良くて安定な算法—を探る．

7.1 線形最小2乗法とは

測定されたデータを解析するのにもっとも簡単な方法として，まずグラフ用紙に (x,y) の点を記入して，データの散らばり方を見ることが行われる．図 7.1 は，10 人の体重 (x) と胴囲 (y) の散布図である．

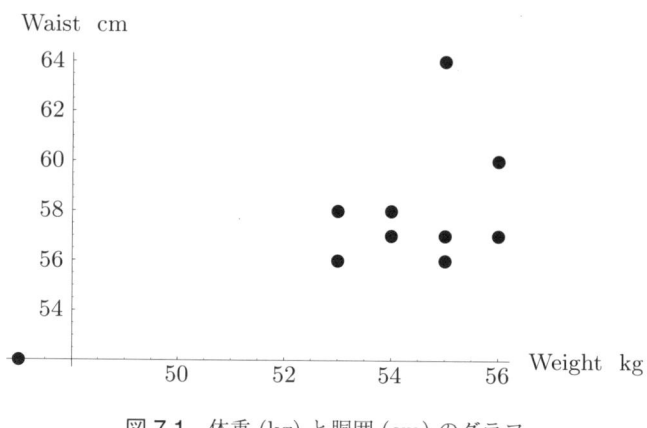

図 7.1 体重 (kg) と胴囲 (cm) のグラフ

体重と胴囲の間に 1 次の関係があるとすれば，どんな直線が引かれるか？ それとも 2 次，3 次の関係と見たほうがよいか？ 手っ取り早い方法として，数学ソフト Mathematica[74] の関数 Fit[ ] を使って試してみると，図 7.2 のような近似直線，近似曲線が描かれる．実線で示した直線は，回帰直線として知られているが，この場合は，$y = 15.5779 + 0.779221x$ である．破線の曲線は $-63.059 + 3.8493x - 0.0298329x^2$ の 2 次多項式で，実線の曲線は $5520.8 - 319.52x + 6.1954x^2 - 0.039848x^3$ の 3 次の多項式で表されるものである．適当な近似式が得られるとこれを使って，たとえば体重に対する標準的な胴囲の値を割り出すことができる．ここで，図 7.1 に対して多項式の次数を上げて近似すれば，与えられたデータにはきめ細かくあてはまる曲線が得られる．このように多項式における係数を調節してデータによくあてはまる曲線を求める方法の一つに線形最小 2 乗法がある．

図 7.2 には 3 次多項式であてはめた曲線も入れたが，次数が高いほど望ま

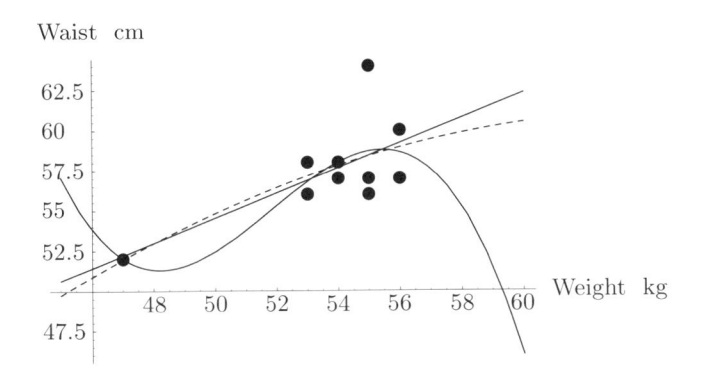

図 7.2 1, 2, 3 次の近似曲線

しいとはいえない．また，数値計算における誤差や安定性の上で注意しなければならないことも生じる．ここでは，このような場合の計算方法，データの量や質に適した次数を選ぶ方法とその注意点を例題で示しながら，読者が使える適当なプログラム・ライブラリも紹介する．

7.2 直線によるあてはめ

図 7.3 の黒丸で示すような 200 個程度のデータにあてはまる直線を考えてみよう．あてはめる直線の方程式を

$$y = c_0 + c_1 x \tag{7.1}$$

とおいて，c_0, c_1 を最小 2 乗近似法に基づいて，データに合わせるように決めようとする．データの個数を m （図の例では 200）とし，データは (x_i, y_i) $(i = 1, 2, \cdots, m)$ として与えられるとする．もし，すべての点 (x_i, y_i) が直線の上にのると仮定すれば，次のような関係をみたすことになる．

$$c_0 + c_1 x_i = y_i \quad (i = 1, 2, \cdots, m) \tag{7.2}$$

この連立方程式は，行列表現で，

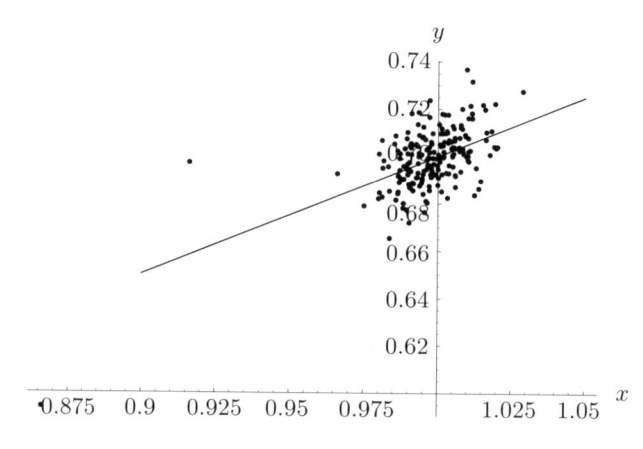

図 7.3 直線近似

$$\begin{pmatrix} 1 & x_1 \\ 1 & x_2 \\ \vdots & \vdots \\ 1 & x_m \end{pmatrix} \begin{pmatrix} c_0 \\ c_1 \end{pmatrix} = \begin{pmatrix} y_1 \\ y_2 \\ \vdots \\ y_m \end{pmatrix} \quad (7.3)$$

と書けるが,これは未知数の数 2 に対して方程式の数 m が大きくて,一般的には解を持たない.そこで,x_i における直線上の値 $c_0 + c_1 x_i$ と与えられた点の値 y_i の差 r_i の 2 乗を,全部のデータについて加えたものを最小にすることを考える.式では,

$$J = \sum_{i=1}^{m} r_i^2 = \sum_{i=1}^{m} \{y_i - (c_0 + c_1 x_i)\}^2 \quad (7.4)$$

を最小にする.ここで,r_i のことを残差といい,J のことを残差 2 乗和という.このように 2 乗することにより,J は c_0, c_1 について高々 2 次で負の値はとらないから,J の最小値は c_0, c_1 についての極小値に一致する.すなわち,方程式

7.2 直線によるあてはめ

$$\frac{\partial J}{\partial c_0} = 0 \quad , \quad \frac{\partial J}{\partial c_1} = 0 \tag{7.5}$$

の解を求めればよいことになる．書き換えれば，

$$\begin{cases} \sum_{i=1}^{m} c_0 + \sum_{i=1}^{m} x_i c_1 = \sum_{i=1}^{m} y_i \\ \sum_{i=1}^{m} x_i c_0 + \sum_{i=1}^{m} x_i^2 c_1 = \sum_{i=1}^{m} x_i y_i \end{cases} \tag{7.6}$$

または，

$$\begin{pmatrix} m & \sum_{i=1}^{m} x_i \\ \sum_{i=1}^{m} x_i & \sum_{i=1}^{m} x_i^2 \end{pmatrix} \begin{pmatrix} c_0 \\ c_1 \end{pmatrix} = \begin{pmatrix} \sum_{i=1}^{m} y_i \\ \sum_{i=1}^{m} x_i y_i \end{pmatrix} \tag{7.7}$$

の2元連立1次方程式を解く問題になる．式 (7.7) を「最小2乗法の正規方程式」という．この方程式を消去法で正直に計算しようとすると，不都合が起こる場合がある．

7.2.1 正規方程式 〜正規方程式はあぶない〜

式 (7.7) の記号を簡略化して，

$$B\boldsymbol{c} = \boldsymbol{f}, \quad B = \begin{pmatrix} b_{11} & b_{12} \\ b_{21} & b_{22} \end{pmatrix}, \quad \boldsymbol{c} = \begin{pmatrix} c_0 \\ c_1 \end{pmatrix}, \quad \boldsymbol{f} = \begin{pmatrix} f_1 \\ f_2 \end{pmatrix} \tag{7.8}$$

と書くと，式 (7.8) の解は，

$$c_0 = \frac{b_{22} f_1 - b_{12} f_2}{b_{22} b_{11} - b_{12} b_{21}}, \quad c_1 = \frac{b_{11} f_2 - b_{21} f_1}{b_{22} b_{11} - b_{12} b_{21}} \tag{7.9}$$

と表される．図 7.3 の例での数値は次のようである．

$$B = \begin{pmatrix} 200 & 199.51341 \\ 199.51341 & 199.07128 \end{pmatrix} \tag{7.10}$$

この値を式 (7.9) に代入すると，分母は，

$$b_{22}b_{11} - b_{12}b_{21} = 199.07128 \times 200 - 199.51341^2$$
$$= 39814.25623 - 39805.60099 = 8.65524$$

となる.ここで,大きさがほとんど同じ 2 数の引き算になっていることに注意しなければならない.本書の第 2 章で詳しく述べられているが,これは典型的な「桁落ち」の例である.引く数,引かれる数がともに小数点以上 5 桁あるが,引き算の結果は 1 桁になり,頭の 4 桁が失われている.この計算を単精度 (10 進 7 桁) で行うならば有効精度は 3 桁程度になることを示している.最小 2 乗法を正規方程式を作って数値計算することの困難さの一面が現れている.式 (7.9) にしたがって単精度計算をすると,$c_0 = 0.128604, c_1 = 0.571847$ を得る.グラフで読める程度の精度でよければ,使える値ではある.

この種の計算に関連して,知っておくとよい算法を加えておく.式 (7.9) の分母 $b_{22}b_{11} - b_{12}b_{21} = m\sum x_i^2 - \left(\sum x_i\right)^2$ は,

$$\bar{x} = \sum_{i=1}^m x_i / m, \quad \bar{x^2} = \sum_{i=1}^m x_i^2 / m$$

とおけば,

$$m\sum_{i=1}^m x_i^2 - \left(\sum_{i=1}^m x_i\right)^2 = m^2(\bar{x^2} - (\bar{x})^2) = m\sum_{i=1}^m (x_i - \bar{x})^2 \qquad (7.11)$$

と書ける.$\{x_i\}$ の分散を計算するときに使われる式になっていることに注意しよう.$\bar{x}, \bar{x^2}$ は,それぞれ $\{x_i\}, \{x_i^2\}$ の平均値を表す.式 (7.11) は $\{x_i\}$ の分散を計算する手順として,桁落ちを避けるために,まず $\bar{x}$ を計算しておくべきことを示している.

7.2.2 ハウスホルダー変換による方法 〜正規方程式をつくらない〜

式 (7.7) は,式 (7.3) の表現を使うと,

7.2 直線によるあてはめ

$$\begin{pmatrix} 1 & 1 & \cdots & 1 \\ x_1 & x_2 & \cdots & x_m \end{pmatrix} \begin{pmatrix} 1 & x_1 \\ 1 & x_2 \\ \vdots & \vdots \\ 1 & x_m \end{pmatrix} \begin{pmatrix} c_0 \\ c_1 \end{pmatrix}$$
$$= \begin{pmatrix} 1 & 1 & \cdots & 1 \\ x_1 & x_2 & \cdots & x_m \end{pmatrix} \begin{pmatrix} y_1 \\ y_2 \\ \vdots \\ y_m \end{pmatrix} \tag{7.12}$$

と書くことができる．式 (7.3) を

$$A\boldsymbol{c} = \boldsymbol{y} \tag{7.13}$$

と書けば，式 (7.12) は

$$A^T A \boldsymbol{c} = A^T \boldsymbol{y} \tag{7.14}$$

と表される．正規方程式の数値解の精度の悪さは，この連立 1 次方程式の係数行列 $A^T A$ の条件数が大きくなることを反映していることになる．条件数と誤差の関係については，本書の第 5 章で述べられている．

ここでは，正規方程式をつくらないで残差 2 乗和を最小にする計算法で，ハウスホルダー直交変換を利用する方法を紹介する．ハウスホルダー変換法の詳しい記述は，たとえば関連図書[72] を参考にしてもらうとして，最小 2 乗法に適用する場合の概要を説明する．

式 (7.4) を，式 (7.13)，式 (7.14) の表記を使って，

$$J = \|\boldsymbol{y} - A\boldsymbol{c}\|_2^2 = \|\boldsymbol{r}\|_2^2 \tag{7.15}$$

と書くことにする．ここで，

$$\|\boldsymbol{r}\|_2 = \sqrt{\sum_{i=1}^{m} r_i^2} \tag{7.16}$$

はベクトル $\boldsymbol{r}$ のノルムと呼ばれる．ハウスホルダー変換を H と書くことにする．m 行 2 列の行列 A に H 変換を施して，上三角行列にすることができる．

$$HA = \begin{pmatrix} u_{11} & u_{12} \\ 0 & u_{22} \\ 0 & 0 \\ \vdots & \vdots \\ 0 & 0 \end{pmatrix} \tag{7.17}$$

$r = y - Ac$ の両辺にこの H 変換を施すと,

$$\begin{aligned} Hr = Hy - HAc &= \begin{pmatrix} \tilde{y}_1 \\ \tilde{y}_2 \\ \tilde{y}_3 \\ \vdots \\ \tilde{y}_m \end{pmatrix} - \begin{pmatrix} u_{11} & u_{12} \\ 0 & u_{22} \\ 0 & 0 \\ \vdots & \vdots \\ 0 & 0 \end{pmatrix} \begin{pmatrix} c_0 \\ c_1 \end{pmatrix} \\ &= \begin{pmatrix} \tilde{y}_1 - (u_{11}c_0 + u_{12}c_1) \\ \tilde{y}_2 - u_{22}c_1 \\ \tilde{y}_3 \\ \vdots \\ \tilde{y}_m \end{pmatrix} \end{aligned} \tag{7.18}$$

となる. ここで, 左辺のノルムについて, H 変換が直交変換であることから, $\|Hr\|_2 = \|r\|_2$ が成り立つので, 残差2乗和を最小にするには, $\|Hr\|_2$ を最小にすればよいことになる. これは, 式 (7.18) の右辺ベクトルの第1, 2要素をゼロにするように c_0, c_1 を決めればよい. すなわち,

$$\tilde{y}_2 = u_{22}c_1, \quad \tilde{y}_1 = u_{11}c_0 + u_{12}c_1 \tag{7.19}$$

ハウスホルダー変換による最小2乗解を求めるプログラムはライブラリ NUMPAC [67, 75] や SSLII[68] の中に収められている. ここでは, NUMPAC の中の LEQLSD (LEQLSS) を使って図 7.3 のデータに対する直線近似を求めてみると

$$c_0 = 0.1294452778\ (0.129446), \quad c_1 = 0.5710519420\ (0.571051)$$

となる．括弧内は単精度版 (LEQLSS) を使ったときの値である．小数点以下 5 桁まで一致している．先の正規方程式を用いた場合の結果とは，小数点以下 2 桁までしか一致しない．このことから，正規方程式を用いた計算法の精度の劣化は無視できないこと，最小 2 乗法の数値解は，ハウスホルダー変換を利用するほうが計算精度の上ではよいことがわかる．

7.3 高次多項式によるあてはめ 〜次数をあげればよく合うが…〜

直線近似の計算法について見てきた．次に図 7.4, 7.5 の黒●のようなデータについて，高次多項式によるあてはめを考えてみる．

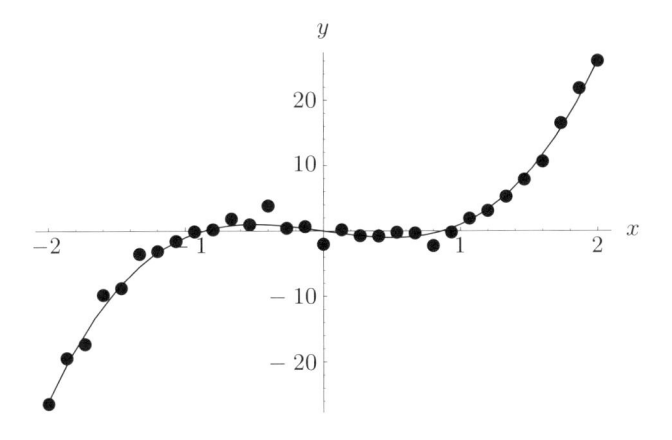

図 7.4　3 次曲線にのるデータの例

n 次の多項式による最小 2 乗法は，これまでの処方にしたがえば次のように定式化することができる．まず，近似多項式を

$$y = c_0 + c_1 x + c_2 x^2 + \cdots + c_n x^n \tag{7.20}$$

とおくと，残差 2 乗和は，

$$J = \sum_{i=1}^{m} r^2 = \sum_{i=1}^{m} \left\{ y_i - \sum_{k=0}^{n} c_k x_i^k \right\}^2 \tag{7.21}$$

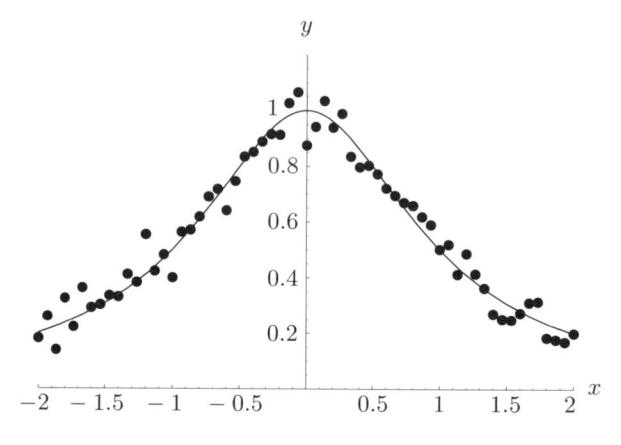

図 7.5 ローレンツ型関数にのるデータの例

で表される．J の最小値は

$$\frac{\partial J}{\partial c_k} = 0 \quad (k = 0, 1, 2, \cdots, n) \tag{7.22}$$

をみたす $c_0, c_1, c_2, \cdots, c_n$ を求めればよいことになる．これは方程式

$$\begin{pmatrix} 1 & x_1 & x_1^2 & \cdots & x_1^n \\ 1 & x_2 & x_2^2 & \cdots & x_2^n \\ \vdots & \vdots & \vdots & \vdots & \vdots \\ 1 & x_m & x_m^2 & \cdots & x_m^n \end{pmatrix} \begin{pmatrix} c_0 \\ c_1 \\ \vdots \\ c_n \end{pmatrix} = \begin{pmatrix} y_1 \\ y_2 \\ \vdots \\ y_m \end{pmatrix} \tag{7.23}$$

の最小2乗解を，ハウスホルダー変換によって計算することで得られる．

図 7.6 は，図 7.4 のデータに対して，3次，5次，9次の多項式であてはめたときの近似曲線3本を描いている．図の上では，いずれもデータを良く近似しているように見える．次数をあげれば，近似曲線のパラメータが増える分だけデータによく合うようになると考えられる．実際に残差2乗和の値をみると，表 7.1 に示すように，高次になるほど小さくなっていき，際限がないように見える．与えられるデータに誤差が含まれている場合（実際には観測誤差が含まれる）には，データに追随しすぎてはかえって不都合になる．そこで，このような統計的な誤差を含むデータについてのあてはめパラメータの数に対する客観的な基準量があればありがたいところである．あてはめ

7.3 高次多項式によるあてはめ

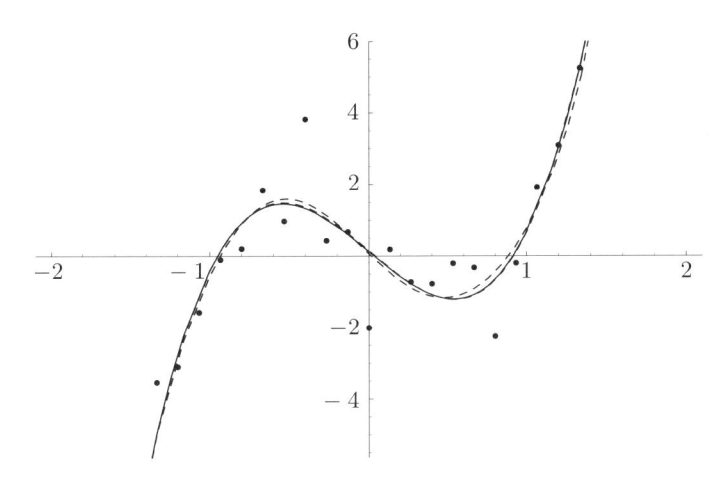

図 7.6 3次, 5次, 9次多項式近似

表 7.1 残差2乗和 J と AIC の値

n	$J(n)$	$AIC(n)$	n	$J(n)$	$AIC(n)$
0	4.72325	48.12740	10	0.04108	-78.95722
1	1.46332	13.80202	11	0.04108	-76.95742
2	1.46329	15.80139	12	0.03282	-81.91905
3	0.04378	-90.98884	13	0.03111	-81.57373
4	0.04375	-89.00719	14	0.02949	-81.23425
5	0.04374	-87.01626	15	0.02763	-81.25326
6	0.04358	-85.12504	16	0.02471	-82.71282
7	0.04322	-83.38473	17	0.02372	-81.99084
8	0.04240	-81.97992	18	0.02352	-80.24152
9	0.04113	-80.91937	19	0.02118	-81.49941

に対する多項式の最適次数の決定方法の一つとして，赤池の Minimum AIC Estimation が提案されている．それによれば[73]，多項式の次数を n 次としたとき，次のような基準量 AIC の最小値を与える次数が最適次数となる．

$$AIC(n) = m \log_e J(n) + 2n \tag{7.24}$$

ここで，m は与えられたデータの個数で，図 7.4 の例では 31 になる．$J(n)$ は残差2乗和で n に依存する．表 7.1 に，$J(n)$ と $AIC(n)$ を示す．この表

から AIC の値は $n=3$ でマイナスに転じてその後，緩やかに増加することから，3 がこの場合の最適次数になる．図 7.4 のデータは，$f(x) = 4x^3 - 3x$ に正規乱数をのせてつくったものである．そこで，この $f(x)$ を真の関数とみなして，近似多項式の誤差曲線を描いてみたのが図 7.7 である．実線が 3 次近似の誤差を，破線がそれぞれ 5 次, 9 次の多項式近似による誤差を表す．中央付近では誤差が小さいが，特に 9 次の場合に端付近で大きくうねる現象が見られる．このことから高すぎる次数での近似は不適切であることが読みとれる．この計算は，NUMPAC[67] の中のプログラム LSAICD を用いた．

以上で見たように，基準量 AIC の最小値を見つけるためには，次数 n をシステマティックに変化させて AIC の動きを調べる必要がある．一方，高次になるほど演算量も多くなるので，演算量を節約することも考慮しなければならない．演算量を節約し，次数を低いほうから順番に上げて行くという巧妙な計算法「選点直交多項式によるあてはめ」を次に紹介する．上記のライブラリ LSAICD もこの方法を採用している．

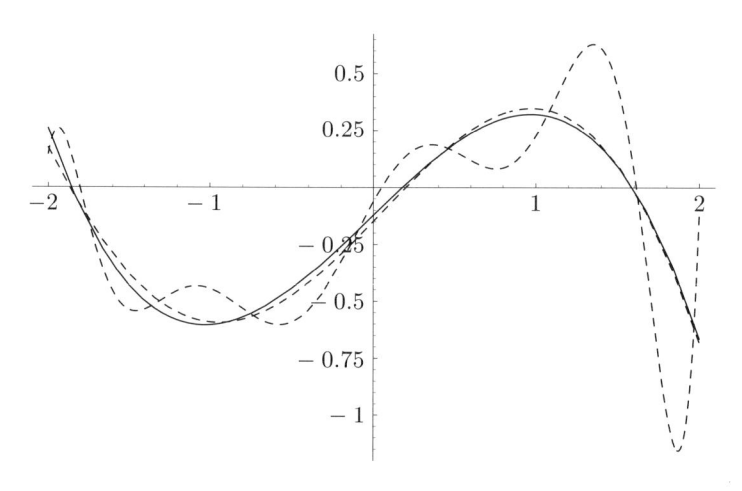

図 7.7 3 次, 5 次, 9 次多項式近似の誤差

7.3 高次多項式によるあてはめ

7.3.1 直交多項式による方法 〜無駄のないあてはめを〜

7.2.1 項で「正規方程式 $A^T A c = A^T y$ は危ない」ことを説明した．ここで係数行列が，

$$A^T A = \begin{pmatrix} \gamma_1 & 0 & 0 & \cdots & 0 \\ 0 & \gamma_2 & 0 & \cdots & 0 \\ \vdots & \vdots & \vdots & \vdots & \vdots \\ 0 & 0 & \cdots & 0 & \gamma_n \end{pmatrix} \quad (7.25)$$

と対角行列になるような，k 次多項式 $p_k(x)$ の線形結合で，近似曲線 y を得ることができれば，正規方程式を解く上での数値計算の困難はなくなる．先の処方にしたがって，正規方程式をつくってみる．まず，近似多項式をある基底となる多項式 $p_k(x)$ を使って，

$$y^{(n)} = a_0^{(n)} p_0(x) + a_1^{(n)} p_1(x) + a_2^{(n)} p_2(x) + \cdots + a_n^{(n)} p_n(x) \quad (7.26)$$

で表すと，正規方程式は，

$$\sum_{k=0}^{n} d_{kj} a_k^{(n)} = \omega_j \quad (j = 0, 1, 2, \cdots n) \quad (7.27)$$

ここで，

$$d_{kj} = \sum_{i=1}^{m} p_k(x_i) p_j(x_i), \quad \omega_j = \sum_{i=1}^{m} y_i p_j(x_i) \quad (7.28)$$

と書ける．正規方程式の係数行列が対角行列になるためには，

$$\sum_{i=1}^{m} p_k(x_i) p_j(x_i) = \begin{cases} 0 & k \neq j \\ \gamma_k & k = j \end{cases} \quad (7.29)$$

の条件をみたす基底多項式 $p_k(x)$ $(k = 0, 1, 2, \cdots, n)$ をつくることができればよい．このとき求めるべきパラメータは，n によらず，

$$a_k^{(n)} = a_k = \frac{\omega_k}{\gamma_k} \quad (k = 0, 1, 2, \cdots, n) \quad (7.30)$$

で直ちに計算できる．ここで，a_k が k より大きな次数の基底多項式に依存しないことに注目しておく．このような都合のよい基底多項式の作り方は，関連図書[71] に詳しく述べられている．ここでは，結果のみを列記するにとど

める．

次のような関係式，

$$p_0(x) = 1, \quad p_1(x) = x - \alpha_1, \quad \alpha_1 = \left(\sum_{i=1}^{m} x_i\right)/m \tag{7.31}$$

$$p_{j+1}(x) = (x - \alpha_{j+1})p_j(x) - \beta_j p_{j-1}(x) \quad (j = 1, 2, \cdots) \tag{7.32}$$

$$\beta_j = \frac{\displaystyle\sum_{i=1}^{m}[p_j(x_i)]^2}{\displaystyle\sum_{i=1}^{m}[p_{j-1}(x_i)]^2} \tag{7.33}$$

$$\alpha_{j+1} = \frac{\displaystyle\sum_{i=1}^{m} x_i[p_j(x_i)]^2}{\displaystyle\sum_{i=1}^{m}[p_j(x_i)]^2} \tag{7.34}$$

で，直交関係

$$\sum_{i=1}^{m} p_k(x_i)p_{j+1}(x_i) = 0 \quad (k = 0, 1, 2, \cdots, j) \tag{7.35}$$

を持つ多項式ができあがる．この多項式は，近似の次数を上げるたびに最初から算出することなく，低次多項式を利用できるところが演算量の節約の点でも優れている．

7.3.2 区分的多項式による方法 〜なめらかさをたもって〜

図 7.5 のような山型のデータについて，同様に高次の多項式近似を行うと，図 7.8 に示すように良好な近似曲線が得られる．図中の実線は 4 次，破線は 6 次，12 次多項式である．●のデータは，$f(x) = \dfrac{1}{1 + x^2}$ の上に正規乱数をのせたものである．そこで，$f(x)$ を真の曲線とみなして誤差曲線を描くと，図 7.9 のようになる．次数を上げると誤差の絶対値は小さくなるが，うねり

7.3 高次多項式によるあてはめ

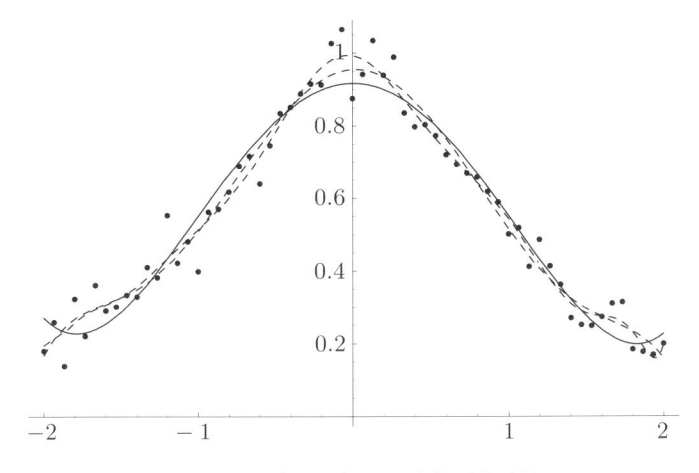

図 7.8 4次, 6次, 12次多項式近似

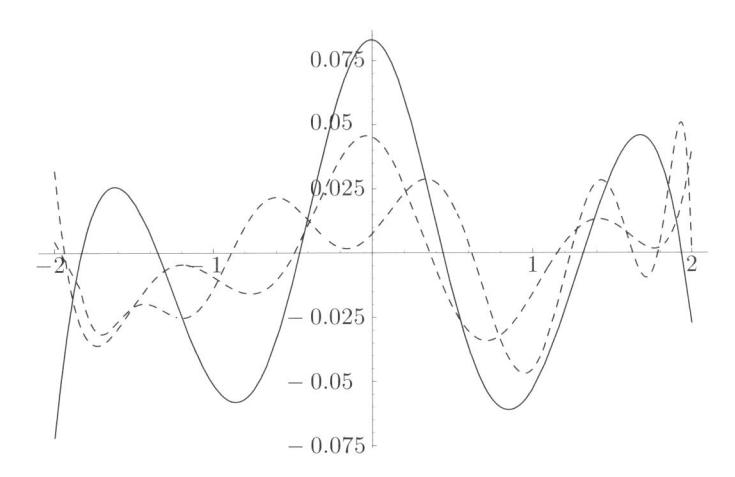

図 7.9 4次, 6次, 12次多項式近似の誤差

が大きくなる．このことは，近似関数から微分値を近似する場合には，ひどく悪い近似値を与えることも示唆している．

このような誤差曲線におけるうねりは，区間全体を一つの多項式であてはめようとすることに起因する．たとえば，近似区間をいくつかの小区間に分けて区間ごとに別々の多項式であてはめる方法がある．折れ線近似はもっと

も単純な方法である．これの欠点は，折れ曲がりがあるために，つなぎ目で微分係数が不連続になる点である．うねりが少なく，かつ折れ曲がりのない滑らかな曲線を得るための手法の一つに，3次スプラインによるあてはめが知られている．

3次スプラインの定義は次のようである．近似区間を $[a, b]$ とし，これを M 分割したときの節点を $a = X_0 < X_1 < \cdots < X_M = b$ とする．このとき，次のような条件をみたす関数 $S(x)$ を3次スプラインという．

(1) 各部分区間 (X_j, X_{j+1}) では高々3次の多項式である．
(2) $S(x)$ は全区間 $[a, b]$ で2次の導関数までが連続である．

つまり，区間全体を一つの多項式にしないで，いくつかの多項式をつなぎ合わせて，しかもつなぎめで2次微分まで連続になるようにしたものである．このような $S(x)$ の表現として，B-スプライン $N_j(x)$ の線形結合

$$S(x) = \sum_{j=-3}^{M-1} c_j N_j(x) \tag{7.36}$$

を用いる方法がある．スプライン，B-スプラインについての詳しい説明は，関連図書[69]を参照してもらうことにして，ここではライブラリを用いて数値計算した結果をみることにする．

図7.10は，図7.5と同じ山型データに対して，$S(x)$ をあてはめた例である．ここでは，NUMPAC[67]の中のCFS1Aを使った．CFS1Aでは，B-スプラインの結合係数をあてはめのパラメータとしている．

$$J = \sum_{i=1}^{m} \left\{ y_i - \sum_{j=-k+1}^{M-1} c_j N_j(x_i) \right\}^2 \tag{7.37}$$

において，J を最小にする c_j を求める方法である．ここで，k はスプラインのオーダーと呼ばれるもので4を用いる．つまり3次スプラインを指定した．CFS1Aでは，k は任意の整数を指定できるようになっている．分割の数 M は6としている．与えられるデータの数 m は61を使っているので，平均的には一つの小区間にデータは10個程度分布している．

図7.11にスプライン近似の誤差曲線を実線で示す．2本の破線は6次，12

7.3 高次多項式によるあてはめ

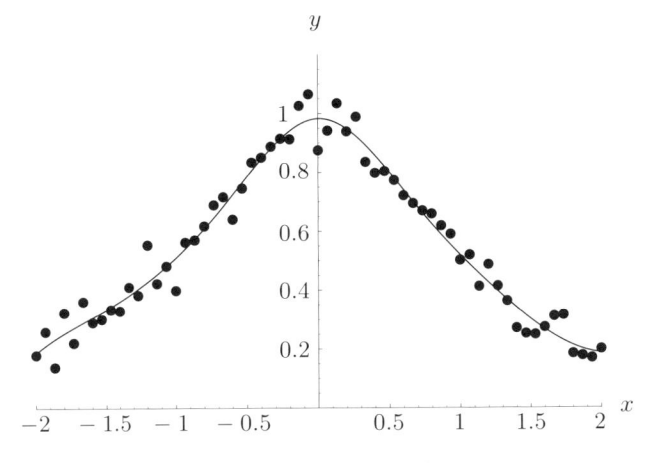

図 7.10 スプラインによるあてはめ

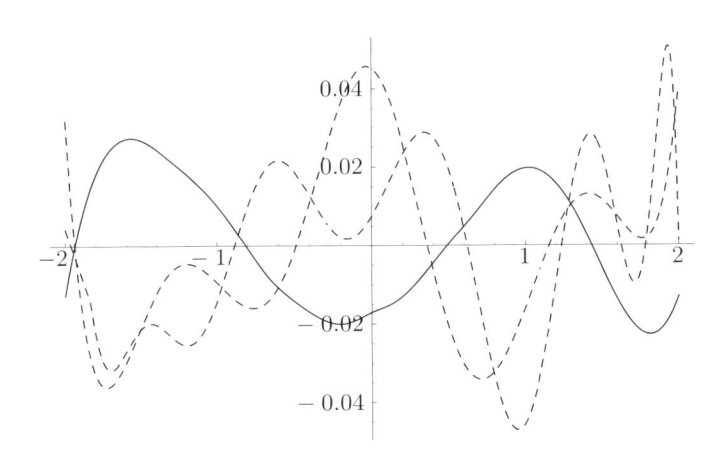

図 7.11 スプライン，6 次，12 次多項式近似の誤差

次の前述の多項式近似による誤差曲線である．スプラインによるあてはめのうねりは少ないことがわかる．

近似関数の 1 次導関数を示したのが図 7.12 である．細い実線がスプライン近似，二つの破線が 6 次，12 次多項式近似，太い実線が $f'(x) = \dfrac{-2x}{1+x^2}$ である．スプラインによる導関数が非常によく $f'(x)$ を再現していることがわかる．

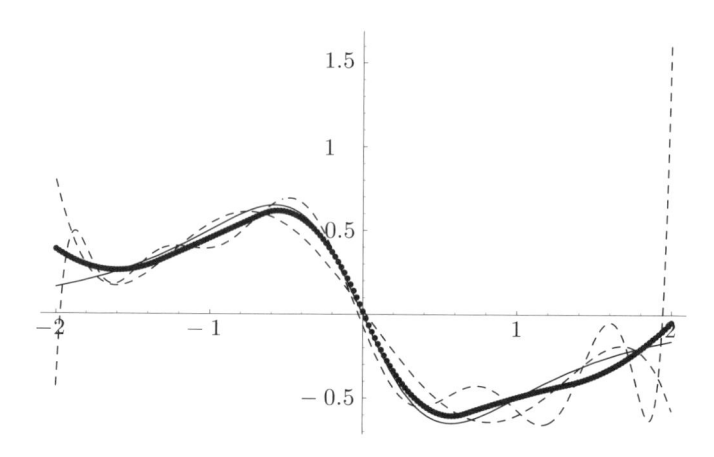

図 7.12 スプライン，6 次，12 次多項式によるあてはめの導関数

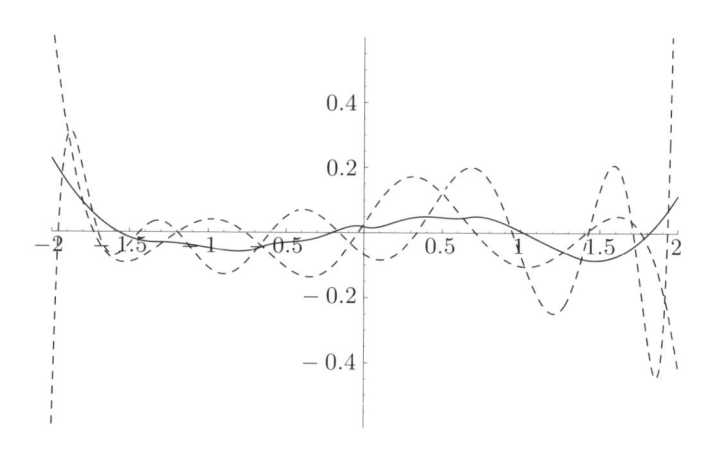

図 7.13 スプライン，6 次，12 次近似の導関数の誤差

図 7.13 の誤差曲線をみるとスプライン近似が全区間にわたって良い近似を与えていることが読みとれる．

このように，スプラインによる近似は滑らかさの点で優れた近似関数を与えることから，図形処理，設計などの実用面での利用価値が高いといえる．さらに，スプラインでは，関数の変化の激しいところに節点を追加することにより，より良い近似曲線が得られる場合がある．追加する節点の位置もパラ

メータとして扱うあてはめも可能である．ライブラリ SSLII[68] には，節点を自動的に追加する手法を取り入れた，BSC2 という名前のルーチンがある．

7.4 まとめ

1 変数の線形最小 2 乗法について解説した．曲面のあてはめにも，原理的にはここに述べた方法を適用することができる．曲線のあてはめでは，与えられる点が等間隔でなくても大して支障はないが，曲面の場合には，ランダムに点が与えられると困難が生じる．また，パラメータが線形の場合に限って述べたが，指数関数の肩にのるような場合など，非線形の最小 2 乗法も有用な近似方法である．ライブラリ NUMPAC[67] には LSANLS/D などが用意されている．ここでは述べないが他の書物[70] を参照されたい．

第8章
常微分方程式の数値解法
〜行きはよいよい〜

本章の目的

　常微分方程式の解を陽的に（既知の関数を組み合わせて）表すことは，一般には不可能であり，解を知る唯一の手段が数値解法であることは多い．数値解法は，解関数の値を近似計算する方法である．それをさまざまなグラフや動画として表現することにより，方程式やそれが表現する現象を直感的に把握することもできる．定評のあるプログラムもたくさん公開されており，読者は自分の問題にそれらを適用するだけで，多くの場合満足できる結果を得ることができるであろう．しかし，数値計算はやはり「実験」である．実験対象（方程式）と実験装置（プログラム）について，少し知識があればより良い結果が得られる．

8.1 初期値問題

m 次元ベクトル値関数 $y(t)$ に関する，初期時刻 a，初期値 c の**初期値問題**を

$$\begin{aligned} y'(t) &= f(t, y(t)), \\ y(a) &= c \end{aligned} \qquad (8.1)$$

とする．微分方程式の右辺 $f(t, y)$ は，(t, y)–平面上の解曲線 $y = y(t)$ の，点 (t, y) における接線の傾きと解釈できる．これを (t, y)–平面に矢印で描く（図8.1）．解曲線は (t, y)–平面上をこの矢印に沿って左から右へ進む．初期値問題 (8.1) の解は点 (a, c) を通る解曲線となる．

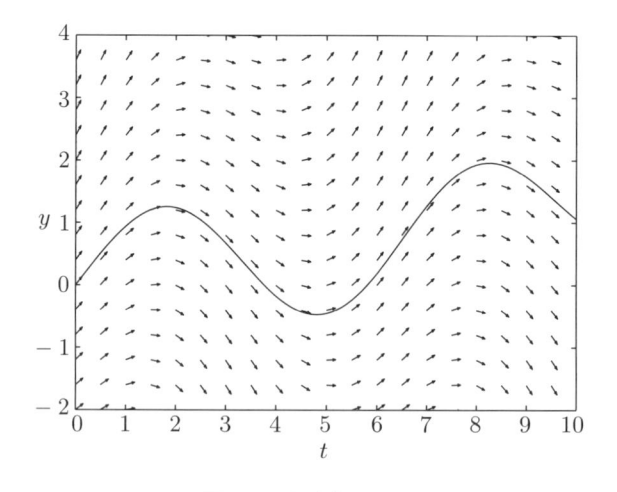

図 8.1　方向指示と解

右辺 $f(t, y)$ が変数 t, y に関して連続微分可能である，というような通常の問題では，点 (a, c) を通る解は存在して唯一つである．すなわち，解曲線はその点で合流も分岐もしない．また，点 (a, c) をいろいろ変えると，解曲線群ができる（図 8.2）が，それらは互いに交わらない．

点 (a, c) の変化に対し解曲線も連続的に変化する．すなわち，近い点を通る解曲線同士はいつも近くにあることも図から直覚できる．

方程式 (8.1) の代表的な数値解法には，ルンゲ–クッタ法，線形多段法，ロー

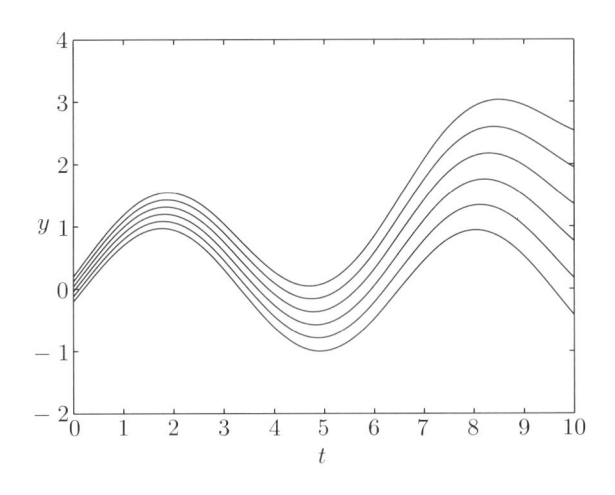

図 8.2　解曲線群（車線群）

ゼンブロック型解法などがある．基本的には，平面上の点 (a, c) から出発して，右へ右へと解曲線を追跡する．ひとつひとつの解曲線を車線と見なすと，数値計算による解曲線の追跡は，車線を保持しようとする車の運転とよく似ている．もちろん車線（解曲線）そのものは見えない．利用するのは方向指示 $f(t, y)$ だけである．

数値計算法の目標は，「現在の車線を保持せよ」である．しかし誤差のため車線を完全に保持することはできず，少しずつ隣接の車線に移りながら進むことになる．しかし，十分近接した車線は将来も近接しているので，多少のずれは致命的な誤差にはならない．

とはいえ，車線間隔が右に行くにつれ徐々に開いている場合（図 8.2）は，少しのずれが将来的には大きなずれにつながる．このような解を不安定という．逆に右に行くにつれて車線間隔が狭まる場合は，ずれは徐々に消失する．このような解を安定という．

安定な解の追跡では，誤差が発生しても将来への影響が少ないので，数値計算は「原理的」に容易だと考えられる．安定，不安定は時間を逆にすると（右から左へ辿ると）逆転する．安定解の追跡は，「行きはよいよい，帰りは怖い」ということになる．

「原理的」に容易と書いたが，本当に「行きはよいよい」だろうか？　面白いことに，強度に安定な解は逆に数値解法を転覆させてしまう．まさに,「過ぎたるは及ばざるがごとし」である．このような解を持つ方程式をスティッフな方程式といい，8.4 節で詳しく述べる．

8.2　数値解法と誤差制御

8.2.1　解法の分類　〜車種さまざま〜

数値解法は，時刻の系列 $a = t_0 < t_1 < \cdots < t_n < \cdots$ 上の解の値 $y_n = y(t_n)$ に対する近似値

$$Y_n \cong y_n \quad (n > 0)$$

を時刻順に計算するように設計されている．小文字の y_n は真値，大文字の Y_n は近似値である．解法は 1 段法と多段法に分かれ，それぞれ陰的解法と陽的解法を含む．

1 段法は，現在の値 Y_n と前方の方向指示 $f(t, y)$ $(t \geq t_n)$ をいくつか見て次の値 Y_{n+1} を計算する．すなわち，前方のみに注意を集中して運転する．ルンゲ–クッタ法やローゼンブロック型解法は 1 段法である．

多段法では，それに加えて，過去の値 Y_i $(i < n)$ をも判断材料に使う．すなわち，バックミラーで自分の通ってきた轍を見ながら運転する．現在と過去合せて k 個の位置 $Y_n, Y_{n-1}, \cdots, Y_{n-k+1}$ を使う方法を k 段法という．広い意味では 1 段法も段数 $k = 1$ の多段法である．代表的な多段法は，線形多段法である．

列車では，後部車両の現在位置は先頭車両の過去の位置である．地下鉄は車両間の扉が開けっ放しなので，先頭車両からいくつもの後部車両内を見通せる．これを見ていると，見えない線路の曲がり具合やその変化がはっきりと察せられ，多段法の気持ちがよくわかる．

多段法は，過去の軌跡を判断材料に使うので，前方の方向指示 $f(t, y)$ $(t \geq t_n)$ をたくさん読まなくてよい．この点で高精度で効率的になりうるが，前方への注意が散漫なので，急激な変化に会うと不安定になる．1 段法では逆

に，過去にとらわれず今の変化に即応できるが，過去の記憶の欠如を補うために方向指示をたくさん読まねばならず処理も複雑で，コスト高という傾向がある．

一般の公式を Φ と名付けて簡単に

$$Y_{n+1} = \Phi(Y_n, Y_{n-1}, \cdots, Y_{n-k+1}) \tag{8.2}$$

と書こう．$k = 1$ なら1段法，$k \geq 2$ なら多段法である．公式 Φ の構成にはもちろん関数 $f(t, y)$ が必要である．さて，公式 Φ の計算手順の中で，何らかの方程式を解く必要があるとき，これを**陰的公式**（解法）という．そうでないときは**陽的公式**（解法）と呼ぶ．陰的公式は陽的公式より設計自由度が高いので，高精度や高安定性などより良い性質を付与できる．とはいえ，実現するには何らかの方程式を数値的に解かねばならず，コストは高くつく．

多段法にも1段法にも陽的解法と陰的解法がある．たとえば，陽的線形多段法，陰的線形多段法，陽的ルンゲ–クッタ法，陰的ルンゲ–クッタ法である．ローゼンブロック型解法は陰的1段法だが，ありがたいことにその中で解くべき方程式は線形である．しかし，微分方程式右辺 $f(t, y)$ の偏導関数（あるいはその近似）を供給してやる必要がある．

8.2.2 解法の次数 〜車線保持能力〜

次数は数値解法の精度の指標である．簡単のため，時刻の系列 $a = t_0 < t_1 < \cdots < t_N = b$ を等間隔

$$t_n = nh + a, \ h = (b-a)/N \tag{8.3}$$

とする．初期条件 $y(t_n) = Y_n$ をみたす微分方程式の解を $y = Y_n(t)$ とし，その値を $\eta_i = Y_n(t_i)$ $(n-k < i \leq n)$ とするとき，

$$\Phi(\eta_n, \eta_{n-1}, \cdots, \eta_{n-k+1}) - Y_n(t_{n+1}) = O(h^{p+1}) \quad (h \to 0) \tag{8.4}$$

となる公式 Φ を p 次であるという．この式の左辺を**局所誤差**という．時刻 $t = t_i (n - k < i \leq n)$ では，近似解が車線 $y = Y_n(t)$ に乗っているとして，1ステップ後の $t = t_{n+1}$ では，どのくらいこの車線からずれるかを示してい

る．解法の次数は，車線保持能力の指標である．

終点 $t = b$ での誤差 $Y_n - y_n$ を**大域誤差**という．適切な設計条件をみたす p 次公式では，それが

$$Y_N - y_N = Y_N - y(b) = O(h^p) \quad (h \to 0) \tag{8.5}$$

となることが証明できる．

8.2.3 誤差推定とステップ幅制御 〜石橋は走って渡れ〜

現実に提供されている効率的なルーチンでは，時刻の系列 $a = t_0 < t_1 < \cdots < t_N = b$ を等間隔にはとらない．ステップ幅 $h_n = t_{n+1} - t_n$ を適宜伸縮して，問題がやさしい時間帯では速く大胆に，難しい時間帯では遅く慎重に進むように制御する．このことにより，やさしい時間帯で必要以上にステップ数を消費することを防ぐ．具体的には局所誤差の推定を行い，それがユーザの与えた許容誤差を越えないように制御する．

誤差推定には，次数の異なる二つの公式の差を用いる．たとえば，p 次の公式 Φ_p と $p-1$ 次の公式 Φ_{p-1} を用意して，それぞれの公式で

$$Y'_{n+1} = \Phi_{p-1}(Y_n, Y_{n-1}, \cdots, Y_{n-k+1}),$$
$$Y_{n+1} = \Phi_p(Y_n, Y_{n-1}, \cdots, Y_{n-k+1})$$

を計算する．ステップ幅 h_n が十分小さければ，次数の低い近似 Y'_{n+1} は Y_{n+1} よりかなり局所誤差が大きいので，たとえば，

$$2|Y_{n+1} - Y_n(t_{n+1})| < |Y'_{n+1} - Y_n(t_{n+1})|$$

と仮定すれば，

$$\begin{aligned} d_{n+1} &= |Y_{n+1} - Y'_{n+1}| \\ &> |Y'_{n+1} - Y_n(t_{n+1})| - |Y_{n+1} - Y_n(t_{n+1})| \\ &> |Y_{n+1} - Y_n(t_{n+1})| \end{aligned} \tag{8.6}$$

となり，最左辺 d_{n+1} で Y_{n+1} の局所誤差が抑えられる．この誤差推定値 d_{n+1} に安全係数 $A \geq 1$ を掛けたものが許容誤差 ε より大きければ，すなわち，

$$Ad_{n+1} > \varepsilon \tag{8.7}$$

なら，Y_{n+1} を不採用としステップ幅 h_n を小さくしてこのステップをやり直す．極端に小さければ Y_{n+1} は採用するが，次のステップ幅 h_{n+1} を大きくしてやる．

これは，下手な運転者 Φ_{p-1} を伴走させて，自分 Φ_p についてこられない度合い d_{n+1} でコースの難しさを判断するようなものである．いささか心許ない基準だが，標準的な問題をたくさん解かせて，安全係数などを調整してルーチンを仕上げる．

局所誤差の制御は簡便で，多くのルーチンが採用している．しかしそれのみでは，必ずしも十分ではないことに注意していただきたい．微分方程式の解が安定なときは問題はないが，不安定だと，現時点で隣接した解曲線も時間が経つにつれドンドン離れてゆく．だから，現時点での局所誤差（車線変更）が最終的に大きな解の誤差につながる．

慎重に誤差を見極める必要があるときは，ステップ幅を小さくしながら 2〜3 度解き直してみることをすすめる．直接ステップ幅を制御できないルーチンでも，許容誤差 ε（局所誤算の限界）を小さくしながら解けば同じことである．

8.2.4　要求精度と次数の選定　〜適材適所〜

式 (8.4) を見ると，ステップ幅 $h = O(1/N)$ ゆえ，p 次公式 Φ の大域誤差はおよそ

$$\varepsilon = Y_N - y_N \cong DN^{-p} \quad (N \to 0)$$

である．ここで D は N によらない定数である．すなわち，大域誤差を ε にする総ステップ数は

$$N \cong (D/\varepsilon)^{1/p} = O(\varepsilon^{-1/p})$$

となる．ここで，1 ステップあたりの計算時間を定数 C とすると，総計算時間は

$$T_p(\varepsilon) \cong A_p \varepsilon^{-1/p}, \ A_p = CD^{1/p}$$

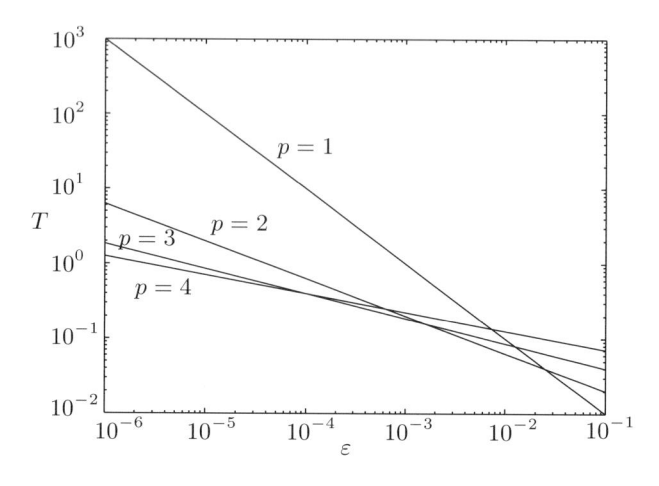

図 8.3　精度と計算時間（模式図）

となる．

関数 $T = T_p(\varepsilon)$ を ε を横軸，T を縦軸とした両対数グラフに描くと，傾き $-1/p$，T 切片 $\log_{10} A_p$ の直線となる．同じ系統の解法だと，次数が高いほど関数 $f(t,y)$ の計算回数が多くなったり，処理が複雑になったりして，A_p が大きくなる．それは，グラフでは T 切片が大きくなることを意味する．

以上の考察をまとめて，いくつかの次数の関数 $T = T_p(\varepsilon)$ $(1 \leq p \leq 4)$ のグラフを模式的に描くと図 8.3 のようになる．下にあるグラフほど所要時間が短く効率的であることを示す．これを見ると，低次解法は低精度向き，高次解法は高精度向きであることがわかる．

低精度でよいとき，むやみに高次公式を使うのは非効率的である．

8.3　具体的な解法

8.3.1　ルンゲ–クッタ法

s 段ルンゲ–クッタ法は，パラメータ $\{a_{ij}\}_{1 \leq i,j \leq s}$, $\{b_i\}_{1 \leq i \leq s}$, $\{c_i\}_{1 \leq i \leq s}$ で定義される公式

$$k_i = f\left(t_n + c_i h, Y_n + h \sum_{j=1}^{s} a_{ij} k_j\right) \quad (1 \leq i \leq s) \tag{8.8}$$

$$Y_{n+1} = Y_n + h \sum_{i=1}^{s} b_i k_i \tag{8.9}$$

である．パラメータ c_i は区間 $[0,1]$ にとられ，a_{ij} に対し

$$c_i = \sum_{j=1}^{s} a_{ij} \quad (1 \leq i \leq s) \tag{8.10}$$

のように従属する．

公式の心は，分点 c_i $(1 \leq i \leq s)$，重み b_i $(1 \leq i \leq s)$ の数値積分則 (8.9)

$$\begin{aligned} Y_{n+1} &\cong Y_n + h \sum_{i=1}^{s} b_i y'(t_n + c_i h) \\ &\cong Y_n + \int_{t_n}^{t_{n+1}} y'(t) dt = Y_n + \int_{t_n}^{t_{n+1}} f(t, y(t)) dt \end{aligned}$$

で，式 (8.8) ではその標本値となる微係数近似 $k_i \cong y'(t_n + c_i h)$ を求めている．

式 (8.8) は一般的には非線形方程式で，公式は陰的となる．しかし，$a_{ij} = 0$ $(j \geq i)$ なら，

$$k_i = f\left(t_n + c_i h, Y_n + h \sum_{j=1}^{i-1} a_{ij} k_j\right) \quad (1 \leq i \leq s) \tag{8.11}$$

ゆえ，$k_1, k_2, \cdots, k_s$ の順に陽的に計算できる．これが**陽的ルンゲ–クッタ法**である．

8.3.2 ローゼンブロック型公式

パラメータ $\{a_{ij}\}_{1 \leq j < i \leq s}, \{\alpha_{ij}\}_{1 \leq j \leq i \leq s}, \{b_i\}_{1 \leq i \leq s}, \{c_i\}_{1 \leq i \leq s}$ で定義される s 段ローゼンブロック型公式

$$\begin{aligned} k_i = {} & f\left(t_n + c_i h, Y_n + h \sum_{j=1}^{i-1} a_{ij} k_j\right) \\ & + \alpha_i h^2 \frac{\partial f}{\partial t}(t_n, Y_n) + h J \sum_{j=1}^{i} \alpha_{ij} k_j \quad (1 \leq i \leq s) \end{aligned} \tag{8.12}$$

$$Y_{n+1} = Y_n + h \sum_{i=1}^{s} b_i k_i \tag{8.13}$$

は,陽的ルンゲ-クッタ公式 (8.11), (8.9) とよく似ている.ここで

$$J = \frac{\partial f(t_n, Y_n)}{\partial y}$$

は $(t,y) = (t_n, Y_n)$ での関数 f の y に関するヤコビアン行列である.パラメータ $\{b_i\}_{1 \leq i \leq s}, \{c_i\}_{1 \leq i \leq s}$ の意味はルンゲ-クッタ法と同じである.また,$\alpha_i = \sum_{j=1}^{i} \alpha_{ij}$ である.式 (8.12) は,

$$\begin{aligned}(I - h\alpha_{ii}J)k_i &= f(t_n + c_i h, \ Y_n + h \sum_{j=1}^{i-1} a_{ij} k_j) \\&\quad + \alpha_i h^2 \frac{\partial f}{\partial t}(t_n, Y_n) \\&\quad + hJ \sum_{j=1}^{i-1} \alpha_{ij} k_j \quad (1 \leq i \leq s)\end{aligned} \tag{8.14}$$

ゆえ,$I - h\alpha_{ii}J$ を係数とする線形方程式を解くことで,$k_1, k_2, \cdots, k_s$ の順に計算できる.これは陰的公式である.

ヤコビアン行列は,方向指示 $f(t,y)$ の空間的変化を正確に知る手がかりとなる.この意味で,8.4 節で述べるスティッフな微分方程式を解くときには,重要なデータとなる.

8.3.3 線形多段法

線形 k 段法は,パラメータ $\{a_i\}_{0 \leq i \leq k-1}, \{b_i\}_{-1 \leq i \leq k-1}$ で定義される公式

$$Y_{n+1} = \sum_{i=0}^{k-1} a_i Y_{n-i} + h \sum_{i=-1}^{k-1} b_i f(t_{n-i}, Y_{n-i}) \tag{8.15}$$

である.$b_{-1} = 0$ なら,この式の右辺を計算してそのまま Y_{n+1} となるので,陽的公式である.$b_{-1} \neq 0$ なら,方程式

$$\begin{aligned}Y_{n+1} - hb_{-1} f(t_{n+1}, Y_{n+1}) &= D, \\D = \sum_{i=0}^{k-1} a_i Y_{n-i} + h \sum_{i=0}^{k-1} b_i f(t_{n-i}, Y_{n-i})\end{aligned}$$

8.4 スティッフな微分方程式

スティッフな微分方程式とは，解が緩やかに変化する関数（漸近関数）に急激に漸近する方程式である．したがって解は非常に安定である．しかし，これを比較的低い要求精度で数値的に解くときに，予想外に時間がかかってしまう．そのようなときには，スティッフ用のルーチンが有効である．

例として，方程式

$$y'(t) = -10^3(y(t) - \cos t),$$
$$y(0) = \frac{10^6}{10^6 + 1}$$

を区間 $t \in [0, 10]$ で考える．一般解

$$y(t) = ce^{-1000t} + \frac{10^3(10^3 \cos(t) + \sin(t))}{10^6 + 1}$$

の任意定数は初期条件より $c = 0$ で，解は

$$y(t) = \frac{10^3(10^3 \cos(t) + \sin(t))}{10^6 + 1}$$

である（図 8.4）．数値実験には MATLAB を用いた．MATLAB は数値計算のための統合環境で，常微分方程式の解法を数種類持っている．実験にはスティッフ用，非スティッフ用のルーチンの代表としてそれぞれ ode113 と ode23s を用いた．ode113 は線形多段法を基礎とするルーチンである．ode23s は 2 次と 3 次のローゼンブロック型公式を組み合わせたものである．これらの具体的設計については，作成者による解説[79]がある．

局所許容誤差 $\varepsilon = 10^{-3}$ として，非スティッフ用の ode113 を用いて解くと，6138 ステップかかって，終点 $t = 10$ における誤差は 3.4×10^{-5} であった．同じ局所許容誤差で ode23s を用いて解くと，たった 185 ステップで解き終わり，しかも終点における誤差は 2.1×10^{-5} であった．安定な方程式なので，両方とも局所誤差の制御で大域誤差を抑えることに成功している．し

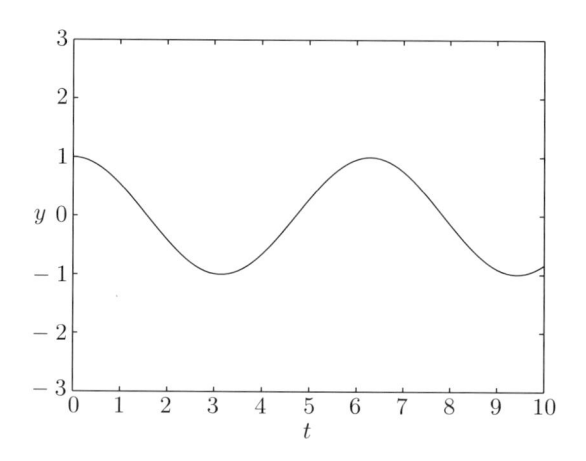

図 8.4 本道（初期値問題の解）

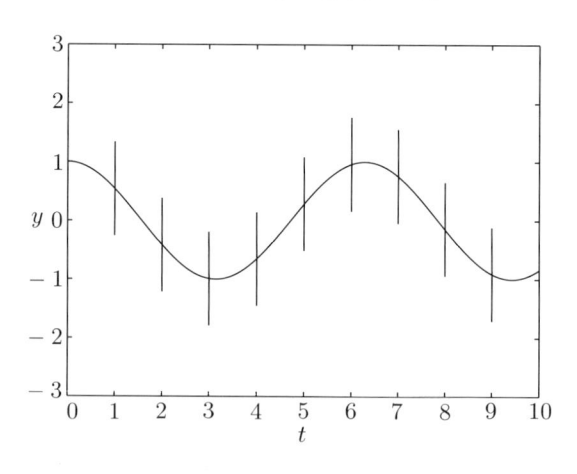

図 8.5 本道と脇道

かし所用ステップ数が 30 倍以上違う．

　ode113 の非効率性の原因は，解（本道）の周辺の解曲線（脇道）を何本か描いてみるとよくわかる（図 8.5）．脇道は本道と交差するように見えるが，8.1 節で述べたように，もちろん解曲線同士が交差するはずはない．$t=3$ の「交差点」を 100 倍に拡大して見たのが図 8.6 である．上下から 2 本の脇道（点線）が急カーブで本道（実線）に接近していることが見て取れる．それは，

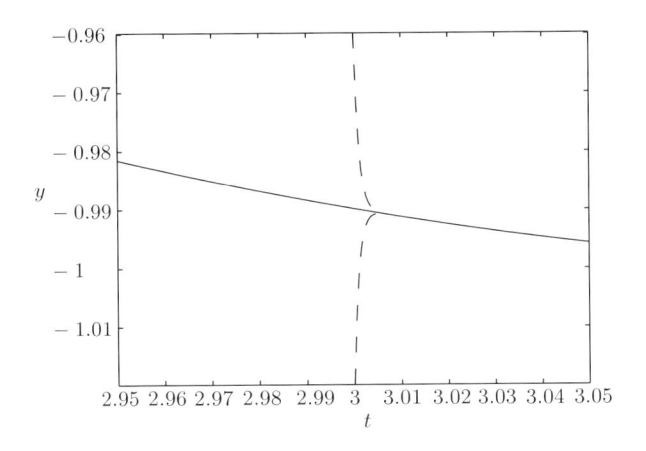

図 8.6 「交差点」の拡大図

一般解の指数関数項が急激に減衰することからも了解できる．

近似解 Y_n は局所誤差のため必然的に解から少し離れて脇道にのる．ode113 は，それを本道と交差する道と勘違いし，本道を横切って通り過ぎて失敗するのである．ode113 は局所誤差の推定でこの失敗を知り，ステップ幅を縮めてやり直す．このような失敗をくり返し，極端に小さいステップ幅でしか進めなくなる．

一方，ode23s は陰的 1 段法の利点を生かし，前方をよく見ている．そのような脇道が結局滑らかに本道に漸近していることが読めるので，滑らかに本道に復帰できる．

スティッフという概念は，絶対的なものではない．時間のスケールを小さくしてやれば，漸近関数への接近はいくらでもゆっくりになるからである．これは，数値解法のステップ幅を小さくとることに対応する．したがって，高い精度を目指すときには，必然的にステップ幅が小さくなり，非スティッフ用ルーチンも問題なく使える．

スティッフ用ルーチンは，陰的公式を基礎とせざるを得ず，元々コスト高であるから，ある程度高精度となれば，非スティッフ用ルーチンのほうがむしろ有利になる．

8.5 まとめ

　数値計算は，結局のところ実験である．やってみなければわからないことがある．失敗を恐れず計算を実行しよう．車の運転と違い，人身事故はまずない．事前に完全な解析があれば失敗はしないが，それは不可能なことが多いし，失敗した後の事後解析のほうが情報量が多いだけ容易である．非スティフ用がだめなら，スティフ用を使ってみよう．精度が不安なら2～3度解き直そう．

　概説だけでは飽き足らない，数値解法についてもっと詳しく知りたい，という方には，標準的な専門書として，[76, 77, 78] をおすすめする．

第9章
高速フーリエ変換
──FFT──
~かめが脱兎に!~

本章の目的

　周期的現象（四季，波など）が自然界でよく観察される．数学的には，波動現象などは三角関数を使ったフーリエ級数，フーリエ変換で表現される．さらに工学分野でも，信号処理や画像処理などにこれらの数学表現がたいへん有用である．

　本章では，フーリエ変換を高速に近似計算するアルゴリズム（高速フーリエ変換，FFT）を説明する．20世紀[†1](Cooley & Tukey[83], 1965) に開発された真に偉大な計算手法の一つであるFFT (Fast Fourier Transform)[82] は，理学や工学，医学の分野に大きく貢献している．

> It has changed the face of science and engineering so much
>   so that it is not an exaggeration to say that
> *life as we know it would be very different without the FFT.*
> ── Charles Van Loan (1992) ──

[†1] 19世紀 (1805) に Gauss はすでに FFT のアイデアを持っていた．

9.1 離散フーリエ変換 –DFT– 〜周期積分には台形則〜

（複素）データ x_j $(j=0,1\cdots,n-1)$ に対する変換

$$y_k = \frac{1}{n}\sum_{j=0}^{n-1} x_j\, w^{kj} \quad (k=0,1,\cdots,n-1) \tag{9.1}$$

を**離散フーリエ変換**[80] (DFT) と呼ぶ．ここで $w=\exp(-2\pi i/n)$ とおく．n 個の出力 y_k すべてに対し式 (9.1) の右辺の積和（因子 $1/n$ は無視して）を計算するには $(n-1)^2$ 回の複素乗算と $n(n-1)$ 回の加算を要する．この計算量（特に複素乗算）を $O(n\log_2 n)$ 回に劇的に減少させる方法が高速フーリエ変換 (FFT)[83] である．本章では，特に $n=2^t$ の場合の FFT のアルゴリズムを説明する．一般の因子に n が分解される場合（たとえば，$n=2^t 3^m 5^k$）のアルゴリズムはより複雑であり，ここでは説明を省略する（NUMPAC[93] 内にプログラムあり）．

アルゴリズムを具体的に述べる前に，式 (9.1) がフーリエ変換

$$g(\omega) = \int_{-\infty}^{\infty} f(u)\, e^{-2\pi i \omega u}\, du \tag{9.2}$$

の離散近似であることを説明する．無限積分 (9.2) を有限区間 $[0,A]$ の積分で近似し，複合台形則（積分に関する章で述べた）$g_N(\omega)$ を適用すると

$$g(\omega) \approx \int_0^A f(u)\, e^{-2\pi i \omega u}\, du \approx g_N(\omega) \tag{9.3}$$

ここで，両端での $f(A)=f(0)$ を仮定し（すなわち，f が周期 A の周期関数と考える），$[0,A]$ 区間を n 分割し，$\Delta u = A/n$ とおき，$u_j = j\Delta u$ $(j=0,1,\cdots,n-1)$ としたとき，

$$g_n(\omega) = \Delta u \sum_{j=0}^{n-1} f(u_j)\, e^{-2\pi i \omega u_j} \tag{9.4}$$

である．式 (9.4) から $g_n(\omega+n/A)=g_n(\omega)$ であることがわかるので，ω は区間 $[-n/(2A), n/(2A)]$ に限定される．一方，f を周期 A の周期関数と仮定したから，振動数 ω の最小単位は $1/A$ である．そこで，上記の区間を n 分

9.1 離散フーリエ変換 –DFT–

割した点での $g_n(k/A)$ $(k = -n/2+1, \cdots, n/2)$,

$$g_n\left(\frac{k}{A}\right) = \frac{A}{n}\sum_{j=0}^{n-1} f\left(\frac{jA}{n}\right) e^{-2\pi i k j/n} \tag{9.5}$$

を求めることになる．周期性より，左辺の変数 k の範囲は $0 \leq k \leq n-1$ に移すことができ，

$$g_n\left(\frac{k}{A}\right) = A\,\frac{1}{n}\sum_{j=0}^{n-1} f\left(\frac{jA}{n}\right) e^{-2\pi i k j/n} \quad (k=0,1,\cdots,n-1) \tag{9.6}$$

となる．式 (9.6) は，$f(jA/n)$ を x_j とおき，右辺を $A\,y_k$ とおきなおすと，$g_n(k/n) = A\,y_k$ と書かれる．このとき y_k と x_j の関係は式 (9.1) で与えられる．これで，離散フーリエ変換 (9.1) がフーリエ変換 (9.2) の離散近似であることが示された．

同様に，周期 A を持つ関数 $f(u)$ のフーリエ級数展開

$$f(u) \sim \sum_{k=-\infty}^{\infty} c_k\,e^{2\pi i k u/A}$$

の係数 c_k を与える積分

$$c_k = \frac{1}{A}\int_{-A/2}^{A/2} f(u)\,e^{-2\pi i k u/A}\,du$$

を台形則で離散化すると，やはり前述の離散フーリエ変換と等価な式が得られる．

さて，式 (9.1) から逆に x_j が

$$x_j = \sum_{k=0}^{n-1} y_k\,w^{-kj} \quad (j=0,1,\cdots,n-1) \tag{9.7}$$

と書かれることがわかる．これを**逆離散フーリエ変換** (IDFT) と呼ぶ．この IDFT は DFT と実質的に同じ形式をしている．

9.2 高速フーリエ変換 –複素FFT– 〜分割して統治〜

離散フーリエ変換 (9.1) を高速に計算するアルゴリズム（高速フーリエ変換, FFT）を説明する [81, 85, 86]．入力 x_j のいろいろな対称性（複素数，実数，実偶関数，実奇関数など）に対して，それぞれのタイプの FFT のアルゴリズムが存在する．行列表示を利用し，原理が最も簡単な複素 FFT の説明から始める．

9.2.1 行列表示

代表的な 2 種類の複素 FFT （Cooley-Tukey 型と Gentleman-Sande 型）を説明する．簡単のため，今後は離散フーリエ変換 (9.1) で因子 $1/n$ を省略した式を扱う．すると，式 (9.1) は行列表示で

$$\boldsymbol{y} = F_n \boldsymbol{x} \tag{9.8}$$

と表される．ここで，ベクトル $\boldsymbol{y}, \boldsymbol{x}$ および対称行列 F_n は，それぞれ

$$\boldsymbol{y} = [y_0, \cdots, y_{n-1}]^T, \quad \boldsymbol{x} = [x_0, \cdots, x_{n-1}]^T,$$

$$F_n = \begin{bmatrix} 1 & 1 & 1 & \cdots & 1 \\ 1 & w & w^2 & \cdots & w^{n-1} \\ 1 & w^2 & w^4 & \cdots & w^{2n-2} \\ \vdots & \vdots & \vdots & & \vdots \\ 1 & w^{n-1} & w^{2n-2} & \cdots & w^{(n-1)^2} \end{bmatrix}$$

と定義する．ただし，$w = w_n \equiv \exp(-2\pi i/n)$．さて，$F^H$ を F の Hermite 対称行列を表すとすると，関係 $F_n^H F_n = F_n F_n^H = n I_n$ が成り立つ．ここで，I_n は単位行列である．

9.2.2 テンソル積とコロン記法

FFT のアルゴリズムを記述する際有用な行列（ベクトル）のテンソル積（あるいは Kronecker 積）$\otimes$ とコロン記法 $i{:}k$ を以下に定義する [89, 90, 92]．まず，二つの行列 A, B あるいはベクトル $\boldsymbol{x}, \boldsymbol{y}$ に対しテンソル積を

9.2 高速フーリエ変換 –複素 FFT–

$$A \otimes B = \begin{bmatrix} a_{00}B & \cdots & a_{0\,m-1}B \\ \vdots & \ddots & \vdots \\ a_{n-1\,0}B & \cdots & a_{n-1\,m-1}B \end{bmatrix}, \quad \boldsymbol{y} \otimes \boldsymbol{x} = \begin{bmatrix} y_0\,\boldsymbol{x} \\ \vdots \\ y_{n-1}\,\boldsymbol{x} \end{bmatrix}$$

で定義する．ベクトルと行列のテンソル積も同様である．結合則 $A\otimes(B\otimes C) = (A\otimes B)\otimes C$ が成り立つ．さらに，

$$(A\,C) \otimes (B\,D) = (A \otimes B)\,(C \otimes D) \tag{9.9}$$

が成立する．一方，**コロン記法** $i\!:\!k$ を

$$x(i\!:\!k) = [x_i, x_{i+1}, \cdots, x_k]^T, \quad \text{したがって} \quad \boldsymbol{x} = x(0\!:\!n-1)$$

で定義する．さらに，$i\!:\!k\!:\!j$ は i から始めて j まで k 個跳びに並べる，すなわち

$$x(i\!:\!k\!:\!j) = [x_i, x_{i+k}, x_{i+2k}, \cdots]^T, \quad \text{特に} \quad x(i\!:\!1\!:\!j) = x(i\!:\!j)$$

を表すとする．さて，$n=jk$ と分解されるとき**置換行列** $P(n,k)$[90] を

$$P(n,k)\,\boldsymbol{x} = [x(0\!:\!k\!:\!n-1)^T, x(1\!:\!k\!:\!n-1)^T, \cdots, x(k-1\!:\!k\!:\!n-1)^T]^T$$

で定義する．たとえば，$P(n,2)\,\boldsymbol{x} = [x_0, x_2, \cdots, x_{n-2}, x_1, x_3, \cdots, x_{n-1}]^T$．一般に $P(n,k)^T P(n,k) = P(n,j)\,P(n,k) = I_n$ が成り立つ．

9.2.3 Cooley-Tukey 型 FFT

2 の冪 n に対し置換行列 $P(n,2)$ を用いて DFT (9.8) を

$$\boldsymbol{y} = F_n\,P(n,2)^T\,P(n,2)\,\boldsymbol{x} \tag{9.10}$$

と表すと都合がよいことを以下に示す．行列 F_n の右から置換行列 $P(n,2)^T$ を作用させると F_n の各列が置換される．さらに，$w^n = w_n^n = 1$, $w^{n/2} = -1$ に注目すると

$$F_n\,P(n,2)^T = \begin{bmatrix} F_m & \Omega_m\,F_m \\ F_m & -\Omega_m\,F_m \end{bmatrix} = \begin{bmatrix} I_m & \Omega_m \\ I_m & -\Omega_m \end{bmatrix} \begin{bmatrix} F_m & 0 \\ 0 & F_m \end{bmatrix}$$
$$\equiv B_n\,(I_2 \otimes F_m) \tag{9.11}$$

となる．ここで，$m = n/2$, $\Omega_m = \mathrm{diag}(1, w_n^1, w_n^2, \cdots, w_n^{m-1})$

$$B_n = \begin{bmatrix} I_m & \Omega_m \\ I_m & -\Omega_m \end{bmatrix}, \quad 特に B_2 = F_2 = \begin{bmatrix} 1 & 1 \\ 1 & -1 \end{bmatrix} \tag{9.12}$$

これでサイズ n の F_n が半分 $m = n/2$ の F_m を用いて表された．この分解 (9.10) の具体的な表式は (9.22) である．

$q = 1 : t$ に対し {
  $L := 2^q$; $r := n/L$; $s := L/2$;
  $j = 0 : s-1$ に対し {
    $w := e^{-2\pi i j/L}$;
    $k = 0 : r-1$ に対し {
      $z := w * x(k*L + j + s)$;
      $x(k*L + j + s) := x(k*L + j) - z$;
      $x(k*L + j) := x(k*L + j) + z$;
    }
  }
}

図 9.1 式 (9.13) を実行するアルゴリズム

2 の冪 $L = 2^q$ に対し $P(L, 2)^T P(L, 2) = I_L$ と式 (9.9) に注目すると，

$$I_{n/L} \otimes F_L = (I_{n/L} \otimes \{F_L P(L, 2)^T\})(I_{n/L} \otimes P(L, 2))$$

である．この関係を式 (9.11) にくり返し適用すると式 (9.8) の F_n は **Cooley-Tukey 型の分解**[83] を受け

$$\boldsymbol{y} = B_n (I_2 \otimes B_{n/2}) \cdots (I_{n/2} \otimes B_2) \widetilde{\boldsymbol{x}} \tag{9.13}$$

となる．ここで，次式で定義される $\widetilde{\boldsymbol{x}}$:

$$\widetilde{\boldsymbol{x}} = (I_{n/4} \otimes P(4, 2)) \cdots (I_2 \otimes P(n/2, 2)) P(n, 2) \, \boldsymbol{x} \tag{9.14}$$

は x を添字のビット反転 (bit reversal) 順に並べたものになる．たとえば $n=8$ のとき，$\widetilde{x} = [x_0, x_4, x_2, x_6, x_1, x_5, x_3, x_7]^T$．

次に，Cooley-Tukey 型 FFT (9.13), (9.14) のプログラムを示す．まず，ベクトル x （たとえば，$n = 2^t = 2^{10}$ 次元）をビット反転 (9.14) し，結果 $\widetilde{x}$ を x に上書きするプログラムの断片が下にある[92]．

---- **Program 9.1** ビット反転 ----------------------------

```
int n = 1024, t = 10, k, j;
double a, x[n];
for( k = 0; k < n; k++ ){
  j = bitrev(k, t);
  if(j > k){
    a = x[j];
    x[j] = x[k];
    x[k] = a;
  }
}
    int bitrev(int k, int t){
      int j = 0, m, q, s;
      m = k;
      for( q = 0; q < t; q++ ){
        s = m / 2;
        j+= j + m - s - s;
        m = s;
      }
      return j;
    }
```

上記の反転操作には，$O(n \log_2 n)$ 回の整数演算（加減算と除算）と $O(n)$ 回のメモリアクセスを要する．このビット反転の結果 x を入力として，式 (9.13) を実行する方法の概略[92] を図 9.1 に示す．ここで，1次元ベクトル x 以外に作業用記憶領域は使わない．すなわち，式 (9.13) の左辺の y の内容が再び x に上書きされる．

さて，Cooley-Tukey 分解 (FFT) (9.13) の計算量（特に複素乗算）を調べよう．式 (9.13) の右辺には $I_L \otimes B_{n/L}$ （ここで $L = 2^k$）が $t\ (= \log_2 n)$ 個

ある．ただし $n = 2^t$ とする．ここでの複素乗算は $n/2$ 回（複素乗算 1 回に実数の乗算 4 回，加減算 2 回を要する）である．したがって，式 (9.13) の右辺の複素乗算は $(n/2) \log_2 n$ 回へ大幅に減少する．実は，$B_{n/L}$ のなかの ± 1 の要素を詳細に考慮すれば，この乗算回数はさらに幾分減少する．複素加減算も同様に $n \log_2 n$ 回へ減少する．

9.2.4 Gentleman-Sande 型 FFT

関係 (9.13) と (9.14) をそれぞれ $\boldsymbol{y} = U \widetilde{\boldsymbol{x}}$ および $\widetilde{\boldsymbol{x}} = \Pi \boldsymbol{x}$ と書き直し，まとめると $\boldsymbol{y} = U \Pi \boldsymbol{x}$ である．これと式 (9.1) を比較し $F_n = U \Pi$ となる．ところで，F_n は対称行列 $F_n = F_n^T$ であるから $U \Pi = \Pi^T U^T$．一方，置換行列（実はビット反転）Π は対称行列であり，$\Pi^2 = I$ でもある．これより，$\boldsymbol{y} = \Pi U^T \boldsymbol{x}$ と書かれる．ここで，$\widetilde{\boldsymbol{y}} = U^T \boldsymbol{x}$, 具体的に書いて：

$$\widetilde{\boldsymbol{y}} = (I_{n/2} \otimes B_2^T) \cdots (I_2 \otimes B_{n/2}^T) B_n^T \boldsymbol{x}, \quad (9.15)$$

$$B_n^T = \left[\begin{array}{cc} I_m & I_m \\ \Omega_m & -\Omega_m \end{array} \right]$$

とおけば，$\boldsymbol{y} = \Pi \widetilde{\boldsymbol{y}}$ である（**Gentleman-Sande 型 FFT**）．すなわち，中間出力 $\widetilde{\boldsymbol{y}}$ の成分はビット反転順に並んでいる．そこで，$\widetilde{\boldsymbol{y}}$ にビット反転操作 Π を施し，正順の出力 $\boldsymbol{y}$ を得る．これは，入力 $\boldsymbol{x}$ をまずビット反転 ($\widetilde{\boldsymbol{x}} = \Pi \boldsymbol{x}$) する Cooley-Tukey 型 FFT：$\boldsymbol{y} = U \widetilde{\boldsymbol{x}}$ と対照的である．

ベクトル計算機や並列計算機向けに工夫した FFT の各種変形版 [90, 92] が存在するが，ここでは説明を省略する．

9.3 実 FFT –RFFT– ～共役対称～

離散フーリエ変換 (9.1) の入力 $\boldsymbol{x}$ が実数（ $\overline{\boldsymbol{x}} = \boldsymbol{x}$ ）の場合，$\overline{y}_k = y_{n-k}$ （この $\boldsymbol{y}$ を conjugate-even（**CE**, 偶共役）ベクトルと呼ぶ）が成り立つので，計算量を上記の複素 FFT の半分に減らすことができる．実際，関係 (9.1) より，$\overline{x}_j = x_j$ のとき（$1/n$ を省略して）

9.3 実 FFT –RFFT–

$$\overline{y}_k = \sum_{j=0}^{n-1} x_j \, \overline{w}^{jk} = \sum_{j=0}^{n-1} x_j \, w^{j(n-k)} = y_{n-k} \quad (k=0,\cdots,n-1) \quad (9.16)$$

したがって，y_0 と $y_{n/2}$ は実数である．

上記の結果，複素ベクトル $\boldsymbol{y}$ の要素の半分を計算すればよい．半分の実部 $\Re y(0{:}n/2)$ と虚部 $\Im y(1{:}n/2-1)$ を求めることにする．まず，交換行列 E_n を以下に定義する: $E_n\,x(0{:}n-1) = x(n-1{:}{-1}{:}0)$．たとえば，$E_3 = \begin{bmatrix} 0 & 0 & 1 \\ 0 & 1 & 0 \\ 1 & 0 & 0 \end{bmatrix}$．常に $E_n^2 = I_n$ が成り立つ．そこで，偶共役 (CE) な複素ベクトル $\boldsymbol{y}$:

$$\boldsymbol{y} = \begin{bmatrix} y(0{:}n/2) \\ E_{n/2-1}\,\overline{y}(1{:}n/2-1) \end{bmatrix}$$

の代わりに次に定義する実（数）ベクトル

$$\boldsymbol{y}^{(ce)} \equiv \begin{bmatrix} \Re y(0{:}n/2) \\ \Im y(n/2-1{:}{-1}{:}1) \end{bmatrix} = \begin{bmatrix} \Re y(0{:}n/2) \\ E_{n/2-1}\,\Im y(1{:}n/2-1) \end{bmatrix}$$

を計算する．あえて逆順に虚数部 $\Im y(:)$ を並べたのは（一般には正順のほうが知られている[92]），作業配列を必要としない実 FFT のアルゴリズムを構築するためである．CE 複素ベクトル $\boldsymbol{y}$ を実ベクトル $\boldsymbol{y}^{(ce)}$ に変換する行列 V_n を下に定義する．

$$V_n = \begin{bmatrix} 1 & 0 & 0 & 0 \\ 0 & I/2 & 0 & E/2 \\ 0 & 0 & 1 & 0 \\ 0 & -iE/2 & 0 & iI/2 \end{bmatrix}, \quad \text{一方}\ V_n^{-1} = \begin{bmatrix} 1 & 0 & 0 & 0 \\ 0 & I & 0 & iE \\ 0 & 0 & 1 & 0 \\ 0 & E & 0 & -iI \end{bmatrix}$$

ここで便宜上，$E = E_{n/2-1}$, $I = I_{n/2-1}$ とおいた．特に $V_2 = I_2$ である．すると $\boldsymbol{y}^{(ce)} = V_n\,\boldsymbol{y}$ あるいは $\boldsymbol{y} = V_n^{-1}\,\boldsymbol{y}^{(ce)}$ と書かれる．

以上の準備の後，Cooley-Tukey 型分解 (9.13) をすべて実数で計算できるように変形する．ビット反転 (9.14) ベクトル $\widetilde{\boldsymbol{x}}$ を改めて $\boldsymbol{x}$ と書き，式 (9.13) から

$$\boldsymbol{y}^{(ce)} = V_n\,\boldsymbol{y} = V_n\,B_n\,(I_2 \otimes B_{n/2}) \cdots (I_{n/2} \otimes B_2)\,\boldsymbol{x} \quad (9.17)$$

さて，一般的に成り立つ関係（$L = 2^q$ とおく）
$$I_{n/L} \otimes B_L = I_{n/L} \otimes (V_L^{-1} V_L B_L) = (I_{n/L} \otimes V_L^{-1})(I_{n/L} \otimes (V_L B_L))$$
を式 (9.17) に代入すると実 FFT の分解
$$\boldsymbol{y}^{(ce)} = B_n^{(ce)} (I_2 \otimes B_{n/2}^{(ce)}) \cdots (I_{n/2} \otimes B_2^{(ce)}) \boldsymbol{x} \tag{9.18}$$
が得られる．ここで，$B_2^{(ce)} = B_2 = F_2$，一般的に
$$B_n^{(ce)} \equiv V_n B_n (I_2 \otimes V_{n/2}^{-1}) = \begin{bmatrix} B_{00}^{(ce)} & B_{01}^{(ce)} \\ B_{10}^{(ce)} & B_{11}^{(ce)} \end{bmatrix}$$
上式の右辺の各要素を構成する実数行列 $B_{ij}^{(ce)}$ ($i = 0, 1, j = 0, 1$) を得るために，まず式 (9.12) で定義される B_n 内の対角行列 Ω_m ($m = n/2$) が次のように書かれることに注目する．対角行列 $\Delta \equiv \mathrm{diag}(\omega_n, \cdots, \omega_n^{m/2-1})$ とおくと，
$$\Omega_m = \mathrm{diag}(1, \Delta, -i, -E_{m/2-1} \overline{\Delta} E_{m/2-1})$$
すると，
$$B_{00}^{(ce)} = \begin{bmatrix} 1 & 0 & 0 & 0 \\ 0 & I & 0 & 0 \\ 0 & 0 & 1 & 0 \\ 0 & E & 0 & 0 \end{bmatrix}, \quad B_{01}^{(ce)} = \begin{bmatrix} 1 & 0 & 0 & 0 \\ 0 & C & 0 & -SE \\ 0 & 0 & 0 & 0 \\ 0 & -EC & 0 & ESE \end{bmatrix}$$

$$B_{10}^{(ce)} = \begin{bmatrix} 1 & 0 & 0 & 0 \\ 0 & 0 & 0 & -E \\ 0 & 0 & 0 & 0 \\ 0 & 0 & 0 & I \end{bmatrix}, \quad B_{11}^{(ce)} = \begin{bmatrix} -1 & 0 & 0 & 0 \\ 0 & S & 0 & CE \\ 0 & 0 & -1 & 0 \\ 0 & ES & 0 & ECE \end{bmatrix}$$
となることがわかる．ただし，改めて $E = E_{n/4-1}$，$I = I_{n/4-1}$，
$$C = \mathrm{diag}(\cos(-2\pi/n), \cdots, \cos(-2\pi(n/4-1)/n))$$
$$S = \mathrm{diag}(\sin(-2\pi/n), \cdots, \sin(-2\pi(n/4-1)/n))$$
とおいた．以上の結果，分解 (9.18) における計算の途中結果はすべて実数ベクトル $\boldsymbol{x}$ の上に重ね書きされ，作業配列を要しない．このプログラムは省略する．作業配列を要するアルゴリズム（Edson 分解）が Van Loan[92] にある．

9.4 高速コサイン変換 –FCT– ～実偶対称～

離散フーリエ変換 (9.8) の入力ベクトル $\boldsymbol{x}$ の成分が実偶対称 $\overline{x}_j = x_j = x_{n-j}$ (real even symmetry, **RE 対称**[88]) の場合, 出力ベクトル $\boldsymbol{y}$ も実偶対称 $\overline{y}_k = y_k = y_{n-k}$ である. 同様に, 実歪対称 $\overline{x}_j = x_j = -x_{n-j}$ (real odd symmetry, **RO 対称**) なら $\boldsymbol{y}$ は純虚数で歪対称 $\overline{y}_k = -y_k = y_{n-k}$ となる. いずれの場合も計算量は前節で述べた実 FFT の半分である. 本節では入力が偶対称, 次節では歪対称, それぞれの FFT (高速コサイン変換, 高速サイン変換) を述べる.

9.4.1 離散コサイン変換 –DCT–

式 (9.8) は以下のようにも表される (ただし $m = n/2$ とおく),

$$y_k = \sum_{j=0}^{m}{}'' \{w^{jk} x_j + w^{(n-j)k} x_{n-j}\} \quad (k = 0, 1, \cdots, n-1) \tag{9.19}$$

ここで, 総和記号での二重プライムは初項と末項を 1/2 倍する意味である. さて, 上式に $x_j = x_{n-j}$ (**RE 対称**) を用い, $w = \exp(-2\pi i/n)$ を思い出すと

$$y_k = 2 \sum_{j=0}^{m}{}'' \cos\left(\frac{\pi j k}{m}\right) x_j \quad (k = 0, 1, \cdots, m) \tag{9.20}$$

と表される. これを離散コサイン変換[†2] (DCT, Discrete Cosine Transform) と呼ぶ. これから, $y_{n-k} = y_k$ であることがわかる.

一方, $\boldsymbol{x} = E_n \boldsymbol{x}$ ($x_j = x_{n-j-1}$, quarter-wave even symmetry[88], **QE 対称**) の場合, $\overline{y}_k = w^k y_k = y_{n-k}$ で, 実数 $w^{k/2} y_k$ は次式で与えられる (DCT-II).

$$w^{k/2} y_k = 2 \sum_{j=0}^{m-1} \cos\left(\frac{\pi(2j+1)k}{2m}\right) x_j \quad (k = 0, 1, \cdots, m-1) \tag{9.21}$$

[†2] 画像処理標準 JPEG, MPEG, CCITTH.261 で, 画像圧縮の手段として DCT が使用される[91].

9.4.2 高速コサイン変換のしくみ

Cooley-Tukey 型分解の第 1 段 (9.10) は, $m = n/2$ として,

$$y_k = \eta_k + w_n^k \zeta_k, \quad y_{m+k} = \eta_k - w_n^k \zeta_k \quad (k = 0, 1, \cdots, m-1) \quad (9.22)$$

と書かれる. ここで, $w_n = \exp(-2\pi i/n)$,

$$\eta_k = \sum_{j=0}^{m-1} w_m^{kj} u_j, \quad \zeta_k = \sum_{j=0}^{m-1} w_m^{kj} v_j \quad (k = 0, 1, \cdots, m-1) \quad (9.23)$$

$u_j = x_{2j}, v_j = x_{2j+1}$ $(j = 0, 1, \cdots, m-1)$ とおいた. 特に, $\boldsymbol{x}$ が実数なら式 (9.16) より $\overline{y}_{m-k} = y_{m+k}$ であるので, (9.22) の後半より $\overline{y}_{m-k} = \eta_k - w_n^k \zeta_k$, が成り立つ. そこで, 関係式

$$y_k = \eta_k + w_n^k \zeta_k \qquad (k = 0, 1, \cdots, m/2) \quad (9.24)$$

$$\overline{y}_{m-k} = \eta_k - w_n^k \zeta_k \qquad (k = 0, 1, \cdots, m/2 - 1) \quad (9.25)$$

が基本となる.

もし $\boldsymbol{x}$ が RE 対称 $(x_j = x_{n-j})$ なら $\boldsymbol{y}$ は実数で DCT(9.20) であることを, 9.4.1 項で示した. このとき, $u(0:m-1)$ も RE 対称 $(u_j = u_{m-j})$ だから η_k(9.23) は DCT である. また, $v(0:m-1)$ は QE 対称 $(v_j = v_{m-j-1})$ となるので $w_n^k \zeta_k$(9.23) は DCT-II である. したがって, **RE 対称な離散フーリエ変換 (RE-DFT) は長さが半分の二つの DFT(RE-DFT, QE-DFT) に分解される**. 言い換えると, 離散コサイン変換 DCT はそれぞれ長さが半分の DCT と DCT-II に分解される[†3].

次に, DCT-II (QE-DFT) の分解を調べよう. もし $\boldsymbol{x}$ が QE 対称 $(x_j = x_{n-j-1})$ なら, 式 (9.23) の二つのベクトル $u(0:m-1)$ と $v(0:m-1)$ の間に関係 $v_{m-j-1} = u_j$ がある. これより, $\zeta_k = w_m^{-k} \overline{\eta}_k$ が成り立つ. この関係を式 (9.24), (9.25) に代入すると

$$w_n^{k/2} y_k = 2\Re(w_n^{k/2} \eta_k) \qquad (k = 0, \cdots, m/2) \quad (9.26)$$

$$w_n^{(m-k)/2} y_{m-k} = -2\Im(w_n^{k/2} \eta_k) \qquad (k = 0, \cdots, m/2-1) \quad (9.27)$$

[†3] $2m+1$ 点台形則 (DCT) は $m+1$ 点台形則 (DCT) と m 点中点則 (DCT-II) の平均値である.

9.4 高速コサイン変換 –FCT–

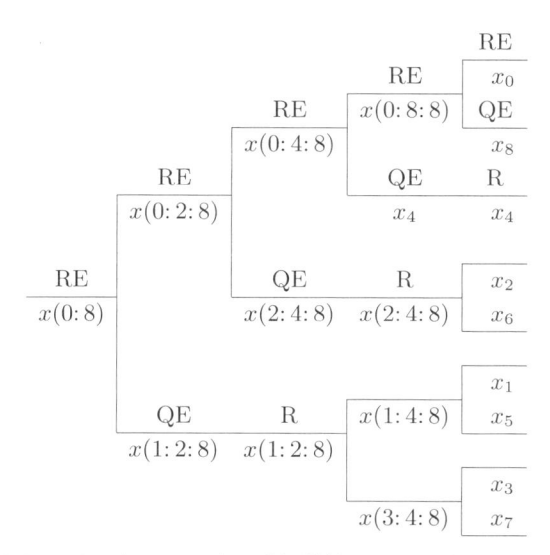

```
RE                                               RE
x(0:8)                                           x_0
                                       RE        QE
                                       x(0:8:8)  x_8
                              RE                 
                              x(0:4:8)           QE   R
                     RE                          x_4  x_4
                     x(0:2:8)
                              QE       R         x_2
                              x(2:4:8) x(2:4:8)  x_6
                                                 
                                                 x_1
                              QE       R         x(1:4:8) x_5
                              x(1:2:8) x(1:2:8)
                                                 x_3
                                       x(3:4:8)  x_7
```

図 9.2 DCT (RE-DFT) の分解過程，$n = 16$ ($m = 8$) の例

となる．したがって，**DCT-II (QE-DFT)** (9.21) は **R-DFT** $\eta(0:m/2)$ (9.23) から得られる．この $\eta(0:m/2)$ の実部 $\Re\eta(0:m/2)$，虚部 $\Im\eta(1:m/2-1)$ は 9.3 節で述べた実 FFT により高速に計算される．具体的に，$n = 16$ の場合の DCT (RE 対称 DFT) が次々と長さ半分の DCT (RE) と DCT-II (QE)，さらに RFFT(R) へと分解される過程を図 9.2 に示す [84, 88]．DCT-II のアルゴリズムは [87] にもある．

9.4.3 チェビシェフ補間係数と FCT

チェビシェフ多項式 $T_k(t) = \cos k\theta$ ($t = \cos\theta$) の重み付き有限和

$$p_m(t) = \sum_{k=0}^{m}{}'' a_k\, T_k(t) \quad (-1 \leq x \leq 1) \tag{9.28}$$

による，滑らかな関数 $f(x)$ の近似（補間）は収束がたいへん速い [84]．補間点 $t_j = \cos(\pi j/m)$ ($j = 0, 1, \cdots, m$) で f を補間する ($f(t_j) = p_n(t_j)$) と，係数 a_k は

$$a_k = \frac{2}{m} \sum_{j=0}^{m} {}'' \cos\left(\frac{\pi jk}{n}\right) f_j \quad (f_j \equiv f(t_j) = f(\cos(\pi j/m))) \qquad (9.29)$$

で与えられる[80]．式 (9.29) の右辺は前節で述べた DCT の $1/m$ 倍であるから，FCT により高速に計算される．

9.5 高速サイン変換 –FST– ～実歪対称～

高速サイン変換の原理は前述の高速コサイン変換とほとんど同じである．以下に概略を述べる．

9.5.1 離散サイン変換 –DST–

式 (9.19) に $x_j = -x_{n-j}$（**RO 対称**）（このとき，$x_0 = x_m = 0$）を代入すると

$$y_k = -2i \sum_{j=1}^{m-1} \sin\left(\frac{\pi jk}{m}\right) x_j \quad (k = 1, 2, \cdots, m-1) \qquad (9.30)$$

が得られる．これを離散サイン変換 (DST, Discrete Sine Transform) と呼ぶ．ただし，$m = n/2$．これから，$\overline{y}_k = -y_k = y_{n-k}$ であることがわかる．

一方，$\boldsymbol{x} = -E_n \boldsymbol{x}$（$x_j = -x_{n-j-1}$, quarter-wave odd symmetry, **QO 対称**）の場合，$\overline{y}_k = -w_n^k y_k = y_{n-k}$ で，純虚数 $w_n^{k/2} y_k$ は次式で与えられる (DST-II)．

$$w_n^{k/2} y_k = -2i \sum_{j=0}^{m-1} \sin\left(\frac{\pi(2j+1)k}{2m}\right) x_j \quad (k = 0, \cdots, m-1) \qquad (9.31)$$

9.5.2 高速サイン変換のしくみ

もし $\boldsymbol{x}$ が **RO** 対称 ($x_j = -x_{n-j}$) なら，式 (9.23) で定義される $u(0{:}m-1)$ も RO 対称 ($u_j = -u_{m-j}$) だから η_k は DST である．また，$v(0{:}m-1)$ は QO 対称 ($v_j = -v_{m-j-1}$) で，$w_n^k \zeta_k$ は DST-II である．したがって，DST は長さ半分の DST と DST-II に分解される．

次に，DST-II (QO-DFT) の分解を調べる．もし x が QO 対称 ($x_j = -x_{n-j-1}$) なら，(9.23) の $u(0\!:\!m-1)$ と $v(0\!:\!m-1)$ の間に $v_{m-j-1} = -u_j$ が成り立つ．これより，$\zeta_k = -w_m^{-k}\overline{\eta_k}$ となる．この関係を式 (9.24)，(9.25) に代入すると

$$w_n^{k/2} y_k = 2\,i\,\Im(w_n^{k/2} \eta_k) \quad (k = 0, \cdots, m/2) \tag{9.32}$$

$$w_n^{(m-k)/2} y_{m-k} = -2\,i\,\Re(w_n^{k/2} \eta_k) \quad (k = 0, \cdots, m/2 - 1) \tag{9.33}$$

となる．したがって，DST-II (QO-DFT) は R-DFT $\eta(0\!:\!m/2)$ (9.23) から得られる．これは 9.3 節ですでに述べた実 FFT により計算される．結局，DST の分解過程は DCT と同じ形式である．図 9.2 の RE，QE をそれぞれ RO，QO と置き換えることで $n = 16$ の例が得られる．ただし，$x_0 = x_m = 0$ とする．

今まで述べた各種対称性と変換の関係をまとめて表 9.1 に示す．

表 9.1　データ x の対称性と変換 y の対称性

対称性	x	y		
R	$x_j = \overline{x}_j$	$\overline{y}_k = y_{n-k}$		CE	RDFT
RE	$x_{n-j} = x_j = \overline{x}_j$	$\overline{y}_k = y_{n-k} = y_k$		RE	DCT
QE	$x_{n-j-1} = x_j = \overline{x}_j$	$\overline{y}_k = y_{n-k} = w_n^k y_k$	$w_n^{k/2} y_k$ が実数	DCT-II
RO	$-x_{n-j} = x_j = \overline{x}_j$	$\overline{y}_k = y_{n-k} = -y_k$	y_k は虚数	DST
QO	$-x_{n-j-1} = x_j = \overline{x}_j$	$\overline{y}_k = y_{n-k} = -w_n^k y_k$	$w_n^{k/2} y_k$ が虚数	DST-II

9.6　FFT のソフトウェア 〜匠の技を拝借〜

名古屋大学数学ソフトウェアパッケージ NUMPAC[93] には，各種対称性を有する DFT に対するいろいろな FFT ($n = 2^t$ の複素 FFT や RFFT，$n = 2^t \times 3^m \times 5^k$ の FFT など) が存在する．海外では，最速の各種 FFT を集めたパッケージ FFTW[94] がある．さらに，FFT を含む数値計算一般のソフトウェアパッケージを紹介する URL (http://www.netlib.org) から検索すると，多くの FFT 関連のソフトを見つけることができる．

参考文献

[第 1 章]

[1] M. Abramowitz, I. A. Stegun (1970), *Handbook of Mathematical Functions*, Dover.

[2] 富士通,『Fortran95 使用手引き書』, p.102.

[3] ISO/IEC 9899:1999-Programming Language C

[4] B. W. カーニハン, D. M. リッチー著, 石田晴久訳 (1989),『プログラミング言語 C 第 2 版』, ANSI 規格準拠, 共立出版.

[5] I. Ninomiya (1970), *Best Rational Starting Approximations and Improved Newton Iteration for the Square Root*, Math. Comp., **24**, 391–404.

[6] 二宮市三 (1982),『関数ソフトウェア』, 情報処理学会数値解析研究会資料 1.

[7] 二宮市三 (1991),『IEEE 準基本数学関数パッケージ』, 情報処理学会研究報告, 91-NA-38.

[8] 二宮市三, 秦野甯世 (1985),『数学ライブラリ NUMPAC』, 情報処理, **26**, 1033–1042.

[9] A. ラルストン, P. ラビノヴィッツ著, 戸田英雄・小野令美 訳 (1986),『電子計算機のための数値解析の理論と応用』, 丸善.

[10] http://netnumpac.fuis.fukui-u.ac.jp

[11] http://primeserver.fujitsu.com/primepower/

[第 2 章]

[12] W. J. Cody (1988), ALGORITHM 665 MACHAR: A subroutine to dynamically determine machine parameters, *ACM Trans. Math. Software*, **14**, 303–311.

[13] D. Goldberg (1991), What every computer scientist should know about floating-point arithmetic, *ACM Computing Surveys*, **23**, 5–48.

[14] T. Hasegawa and T. Torii (1995), An algorithm for nondominant solutions of linear second-order inhomogeneous difference equations, *Math. Comput.*, **64**, 1199–1214.

[15] N. J. Higham (2002), *Accuracy and Stability of Numerical Algorithms*, Second ed. SIAM, 46, 84.

[16] M. L. Overton (2001), *Numerical Computing with IEEE Floating Point Arithmetic*, SIAM, 50.

[17] G. W. Stewart (1996), *Afternotes on Numerical Analysis*, SIAM, 53.

[18] http://sources.redhat.com/gsl/ref/gsl-ref_toc.html

[19] http://sources.redhat.com/gsl/ref/gsl-ref_38.html#SEC493

[20] http://netnumpac.fuis.fukui-u.ac.jp

[第 3 章]

[21] 富士通 (1987),『Fortran & C SSLII 使用手引書 (科学用サブルーチンライブラリ)』(ssl2.lib の形で提供, FORTRAN ソースプログラムは添付されていない. PDF マニュアル).

[22] 二宮市三 (1989),『数値計算の落とし穴』, 名古屋大学大型計算機センターニュース, **20**, 3, 290-303.

[23] 二宮市三 (1993),『π と e の代わりに 2 を使おう』, 名古屋大学大型計算機センターニュース, **24**, 1, 34-42.

[24] 吉田年雄 (1997),『漸化式を用いるベッセル関数 $J_\nu(x)$ の数値計算法の別法の誤差解析』, 情報処理学会論文誌, **38**, 5, 933-943.

[25] 吉田年雄, 二宮市三 (1982),『x が小さい場合のベッセル関数 $Y_\nu(x)$ の数値計算』, 情報処理学会論文誌, **23**, 3, 296-303.

[26] 吉田年雄, 二宮市三 (1982),『x が小さい場合のベッセル関数 $K_\nu(x)$ の数値計算』, 情報処理学会論文誌, **21**, 3, 238-245.

[27] 吉田年雄 (1974),『複素の変数のベッセル関数の関数副プログラムについて–$I_n(z)$ および $J_n(z)$–』, 名古屋大学大型計算機センターニュース, **5**, 3, 179-185.

[28] 吉田年雄 (1983),『振動する関数の半無限積分』, 名古屋大学大型計算機センターニュース, **14**, 2, 168-174.

[29] http://netnumpac.fuis.fukui-u.ac.jp
Fujitsu『NUMPAC 使用手引書』(Vol.1-3).
Fujitsu『NUMPAC User's Guide』(Vol.1-3) [英語版].

[第 4 章]

[30] C. Brezinski and M. R. Zaglia (1991), *Extrapolation Methods: Theory and Practice*, North-Holland.

[31] S. D. Conte and C. de Boor (1981), *Elementary Numerical Analysis: An Algorithmic Approach*, McGraw-Hill, 43, 44, 47.

[32] P. J. Davis and P. Rabinowitz (1984), *Methods of Numerical Integration*, Academic Press, 418.

[33] P. Deuflhard and A. Hohmann (2003), *Numerical Analysis in Modern Scientific Computating: An Introduction*, Second ed., Springer-Verlag, 185, 195, 196.

[34] 藤原正彦 (1997),『心は孤独な数学者』, 新潮社, 5–51.

[35] W. Gautschi (1997), *Numerical Analysis: An Introduction*, Birkhäuser, 89, 94, 101.

[36] G. Hämmerlin and K-H. Hoffmann (1989), *Numerische Mathematik*, Springer-Verlag, 235.

[37] T. Hasegawa, T. Torii, and H. Sugiura (1990), An algorithm based on the FFT for a generalized Chebyshev interpolation, *Math.*

Comput., **54**, 195-210.

[38] D. Kahaner, C. Moler, and S. Nash (1989), *Numerical Methods and Software*, Prentice Hall, 94, 165, 166.

[39] E. M. Landis and I. M. Yaglom (2000), Remembering A. S. Kronrod, Translated by V. Brudno, Edited by W. Gautschi, http://www-sccm.Stanford.edu, report:SCCM-00-01

[40] 二宮市三 (1980),『適応型ニュートン・コーツ積分法の改良』, 情報処理, **21**, 504-512. http://members.aol.com/IchiNino/

[41] T. Ooura and M. Mori (1991), The double exponential formula for oscillatory functions over half infinite interval, *J. Comp. Appli. Math.*, **38**, 353-360.

[42] R. Piessens, E. deDoncker-Kapenga, C. W. Überhuber, and D. K. Kahaner (1983), *QUADPACK: A Subroutine Package for Automatic Integration*, Springer-Verlag.

[43] A. Ralston and P. Rabinowitz (1978), *A First Course in Numerical Analysis*, 2nd edit., McGraw-Hill, 315.

[44] A. Sidi (2003), *Practical Extrapolation Methods: Theory and Applications*, Cambridge University Press.

[45] J. Stoer and R. Bulirsch (1980), *Introduction to Numerical Analysis*, translated by R. Bartels, W. Gautschi and C. Witzgall, Springer-Verlag, 40, 78, 128.

[46] H. Takahasi and M. Mori (1974), Double exponential formulas for numerical integration, *Publ. RIMS, Kyoto Univ.*, **9**, 721-741.

[47] http://netnumpac.fuis.fukui-u.ac.jp

[第 5 章]

[48] G. H. Golub, C. F. Van Loan (1996), *Matrix Computation*, 3rd ed., Johns Hopkins Univ. Press.

[49] N. J. Higham (1996), *Accuracy and Stability of Numerical Algorithms*, SIAM.

参考文献

[50] B. N. Parlett (1980), *The Symmetric Eigenvalue Problem*, Prentice-Hall.

[51] J. H. Willkinson (1965), *The Algebraic Eigenvalue Problem*, Oxford Univ. Press.

[52] NetNUMPAC, http://netnumpac.fuis.fukui-u.ac.jp

[53] Netlib Repository, http://www.netlib.org

[第 6 章]

[54] G. R. Garside, P. Jarrat, C. Mac (1968), A new method for solving polynomial equations, *Comp. J.*, **11**, 87–89.

[55] 長谷川秀彦，櫻井鉄也，桧山澄子，周偉東，花田孝郎，北川高嗣（名取亮編）(1998),『数値計算法』,(新コンピュータサイエンス講座)，オーム社.

[56] A. S. Householder (1970), *The Numerical Treatment of a Single Nonlinear Equation*, McGraw-Hill.

[57] 伊理正夫 (1984),『数値計算』, 朝倉書店.

[58] A. M. Ostrowski (1966), *Solution of Equations and Systems of Equations*, Academic Press.

[59] 櫻井鉄也 (2003),『MATLAB/Scilab で理解する数値計算』，東京大学出版会.

[60] 櫻井鉄也，杉浦洋，鳥居達生 (1988), 静電場解析による代数方程式の解法, 情報処理学会論文誌, **29**, 447–455.

[61] J. Stoer, R. Bulirsch (1976), *Introduction to Numerical Analysis*, Springer-Verlag.

[62] J. F. Traub (1964), *Iterative Methods for the Solution of Equations*, Prentice-Hall.

[63] J. H. Wilkinson (1959), The evaluation of the zeros of ill-conditioned polynomials, *Numer. Math.*, **1**, 150–166.

[64] http://www.mathworks.com/

[65] http://www-rocq.inria.fr/scilab/

[66] http://netnumpac.fuis.fukui-u.ac.jp

[第 7 章]

[67] Fujitsu『NUMPAC 使用手引き書』(Vol.1-3).
Fujitsu『NUMPAC User's Guide』(Vol.1-3) [英語版].
[68] 富士通『SSLII 使用手引き書（科学用サブルーチンライブラリ）』.
[69] 市田浩三，吉本富士市 (1979),『スプライン関数とその応用』，教育出版.
[70] 中川徹，小柳義夫 (1999),『最小二乗法による実験データ解析』，東京大学出版会.
[71] A. Ralston, P. Rabinowitz (1978), *A First Course in Numerical Analysis*, 254-260, McGraw-Hill, Inc.
A. ラルストン，P. ラビノヴィッツ著，戸田英雄・小野令美 訳 (1986),『電子計算機のための数値解析の理論と応用＜上＞』，丸善，238–243.
[72] 杉浦洋 (1999),『数値計算の基礎と応用』，サイエンス社.
[73] 田辺國士 (1975),『数値計算における誤差』，bit 臨時増刊，113-125, 共立出版，
赤池弘次 (1975),『統計モデルと情報量』，京都大学数理解析研考究録.
田辺國士 (1975),『*Minimum AIC Estimation* の応用例』，京都大学数理解析研考究録.
[74] S. Wolfram (2000),『Mathematica ブック 第 4 版 [日本語版]』，(Wolflam Research Inc, 東京書籍).
[75] http://netnumpac.fuis.fukui-u.ac.jp

[第 8 章]

[76] J. C. Butcher (2003), *Numerical Methods for Ordinary Differential Equations*, John Wiley & Sons.
[77] E. Hairer, S. P. Norsett, G. Wanner (1996), *Solving Ordinary Differential Equations I*: *Nonstiff Problems*, 2nd Rev., Springer.
[78] E. Hairer, G. Wanner (1996), *Solving Ordinary Differential Equations II*: *Stiff and Differential-Algebraic Problems Problems*,

2nd Rev., Springer.

[79] L. F. Shampine, M. W. Reichelt (1997), THE MATLAB ODE SUITE, SIAM, *J. Sci. Comput.*, **18**, 1, 1-22.

[第 9 章]

[80] W. L. Briggs and Van E. Henson (1995), *The DFT: An Owner's Manual for the Discrete Fourier Transform*, SIAM, 16, 328.

[81] E. O. Brigham (1988), *The Fast Fourier Transform and its Applications*, Prentice Hall.

[82] J. W. Cooley (1994), Lanczos and the FFT: A discovery before its time, in *Proceedings of the Cornelius Lanszos International Centenary Conference*, J. D. Brown, M. T. Chu, D. C. Ellison, and R. J. Plemmons eds., SIAM, 3-9.

[83] J. W. Cooley and J. W. Tukey (1965), An algorithm for the machine calculation of complex Fourier series, *Math. Comput.*, **19**, 297-301.

[84] T. Hasegawa, T. Torii, and H. Sugiura (1990), An algorithm based on the FFT for a generalized Chebyshev interpolation, *Math. Comput.*, **54**, 195-210.

[85] 牧之内三郎，鳥居達生 (1975),『数値解析』，オーム社.

[86] H. J. Nussbaumer (1981), *Fast Fourier Transform and Convolution Algorithms*, Springer-Verlag.

[87] B. G. Sherlock and D. M. Monro (1995), Algorithm 749: Fast discrete cosine transform, *ACM Trans. Math. Softw.*, **21**, 372-378.

[88] P. N. Swarztrauber (1986), Symmetric FFTs, *Math. Comput.*, **47**, 323-346.

[89] R. Tolimieri, M. An, and C. Lu (1993), *Mathematics of Multidimensional Fourier Transform Algorithms*, Springer-Verlag.

[90] R. Tolimieri, M. An, and C. Lu (1997), *Algorithms for Discrete Fourier Transform and Convolution*, Second ed., Springer-Verlag,

33.

[91] C. W. Ueberhuber (1997), *Numerical Computation 2: Methods, Software, and Analysis*, Springer-Verlag, 61.

[92] C. Van Loan (1992), *Computational Frameworks for the Fast Fourier Transform*, 39, 44, 216, 219.

[93] http://netnumpac.fuis.fukui-u.ac.jp

[94] http://www.fftw.org

索 引

■あ

アンダーフロー, 6, 25
安定（常微分方程式）, 131
一般項, 13
陰的公式（解法）, 133
エルミート補間, 58
演算量, 122
円周率, 10
オイラー変換, 50
オイラー法, 104
オーバーフロー, 6, 25
折れ線近似, 123

■か

回帰直線, 110
解曲線（常微分方程式）, 130
解と係数の関係, 103
解の公式, 102
ガウス消去法, 74
隠れビット, 4, 24
加減算, 6
加減乗除, 27
重ね書き, 76, 77, 152
仮数部, 3, 24
加速法, 70
型宣言, 3
割線法, 106
加法定理, 15
カルダノの公式, 103
関数の計算, 37
関数呼び出し, 10
ガンマ関数, 19

基準量, 118
逆三角関数, 16
逆双曲線関数, 17
逆離散フーリエ変換, 145
球ベッセル関数, 41
行列ノルムの公理, 79
極小値, 112
局所誤差, 133
許容誤差, 21
近似解, 90
近似多項式, 117
偶数丸め, 7
区間演算, 21
区間縮小, 15
組込み関数, 37
クロネッカー積, 146
計算順序, 30
計算量（ガウス消去法）, 76
計算量（逆行列法）, 78
桁上がり, 7
桁合わせ, 6
桁落ち, 7, 29, 114
けち表現, 24
結合則, 30
減次, 100
交換行列, 151
高次多項式, 117
更新, 13
高速コサイン変換, 154
高速サイン変換, 156
高速フーリエ変換, 63, 144, 146
交代級数, 70

索 引

交代級数の収束の加速, 50
後退代入, 74
誤差関数, 19
誤差曲線, 120, 122
誤差推定（常微分方程式）, 134
誤差ベクトル, 79
コロン記法, 147
混合演算, 10, 33

■さ

最小 2 乗法, 58, 109
最小費用, 10
最適次数, 119
最良近似式, 11, 22, 38
最良に近い近似, 61
作業配列, 152
差分商, 58
三角関数, 16, 43
三角行列, 115
残差, 112
残差 2 乗和, 112, 115, 117
算術シフト, 6
次数（常微分方程式の解法）, 133
指数関数, 15
指数部, 3, 24
指数法則, 15
実 FFT, 150
実係数多項式, 102
実数, 3
実対称
　　QE 対称, 153
　　QO 対称, 156
　　RO 対称, 153
　　RE 対称, 153
四手和, 9
自動積分法, 64, 71
弱者優先, 12
周期母数, 15
従属ノルム, 79
収束半径, 14
収束判定基準, 21
主値積分, 70
準標準関数, 17

消去法, 74, 113
象限三角関数, 18, 46
条件数, 84, 115
乗除算, 6
情報落ち, 30
初期値（常微分方程式）, 130
初期時刻（常微分方程式）, 130
初期値問題（常微分方程式）, 130
振動積分, 70
シンプソン則, 65
スティッフ（常微分方程式）, 139
ステップ幅制御（常微分方程式）, 134
スプライン, 124
スペクトル半径, 80
正規化表現, 24
正規分布関数, 19
正規方程式, 113
正弦積分, 13
整数, 3
整数実数変換, 10
静的変数, 12
精度縮小法, 21
接線, 104
絶対誤差（ベクトル）, 79
ゼロ割り, 6
漸化式, 34, 47
線形結合, 121
線形最小 2 乗法, 110
線形収束, 92
線形多段法, 138
前進消去, 74
選点直交性, 63
選点直交多項式, 120
先頭変数消去, 74
双曲線関数, 15
相対誤差, 27
相対誤差（ベクトル）, 79
総和, 31
粗行列, 87

■た

大域誤差, 134
対角行列, 121

台形則, 56, 64, 66, 144
対称行列, 150
対数関数, 16
代数方程式, 102
代入演算子, 14
代入法, 74
多項式, 117
多重代入文, 14
多重度, 94
多段法, 132
達成精度, 21
多変数のニュートン法, 108
多変数連立非線形方程式, 107
単項演算子, 13
単純反復, 91
単精度, 4, 24
　　拡張—, 26
チェビシェフ, 61
　　多項式, 61, 155
　　展開, 63
　　点列, 61
　　補間, 155
置換行列, 147, 150
中間変数, 13
直交関係, 122
直交多項式, 121
つなぎめ, 124
つぼ, i
テーラー展開, 29, 43, 59, 104
テンソル積, 146
同一反復, 13
導関数, 124
特殊関数, 14, 37
度三角関数, 18, 46

■な

内点特異積分, 70
内部表現, 3
二重指数型変数変換, 68
ニュートン・コーツ積分則, 63, 64
ニュートン法, 15, 17, 93
ニュートン補間, 58
ネスティング, 11

ネスティング法, 97
ノルム（ベクトル）, 78
ノルムの公理（ベクトル）, 78

■は

バイアス, 4
倍精度, 4, 24, 25
　　拡張—, 26
バイト, 3
排反, 9
ハウスホルダー変換, 114, 115
ハレー法, 105
反復解法, 87
反復の停止, 98
判別式, 103
ビット, 2
ビット反転, 149
ビット反転ベクトル, 151
必要精度, 20
否定, 6
微分値, 123
ピボット式, 74
標準関数, 14
標準区間, 15
不安定（常微分方程式）, 131
フーリエ級数展開, 145
フーリエ変換, 144
フェラリの公式, 103
複雑優先, 14
複素 FFT, 146
　　Cooley-Tukey 型 FFT, 148
　　Gentleman-Sande 型 FFT, 150
符号部, 3
不正演算, 28
不正確, 28
浮動小数, 24
不動点, 90
部分ピボット選択法, 75
部分和, 13
プログラミング（ガウス消去法）, 76
分散, 114
平均値の定理, 90
平方根, 15

冪乗, 10
ベッセル関数, 35, 47, 70
偏角, 17
変数変換型積分法, 67
ポインタ, 12
ホーナー法, 59
補間型積分則, 63
保護桁, 27
保護ビット, 6
補数化, 6

■ま

マシンイプシロン, 25
丸め, 6, 7, 8, 25
丸めの単位, 25
見かけの発散, 28
無限区間積分, 68
∞-ノルム（ベクトル）, 78
∞-ノルム（行列）, 80
無限等比級数, 5
無符号整数, 6

■や

ヤコビ行列, 108
有効桁数, 25
要求精度, 21
陽的公式（解法）, 133
陽的ルンゲ–クッタ法, 137

■ら

ライブラリ, 20, 111, 116, 120, 124, 127
ラグランジュ補間, 58
　　　基本多項式, 58
離散コサイン変換, 153
　　　—, DCT, 153
　　　—, DCT-II, 153
離散サイン変換
　　　—, DST, 156
　　　—, DST-II, 156
離散フーリエ変換, 144, 146
立方根, 17
ルジャンドル多項式, 66
ルンゲ–クッタ法, 136

例外演算, 28
連立1次方程式, 113
ローゼンブロック型公式, 137
ローレンツ型関数, 118
論理積, 6
論理和, 6

■英数字

16進定数, 3
16進表示, 2
1-ノルム（ベクトル）, 78
1-ノルム（行列）, 80
1周期積分, 66
1段法, 132
2-ノルム（ベクトル）, 78
2-ノルム（行列）, 80
2次収束, 93
2進数, 24
2底指数関数, 17
2変数逆正接, 17
4倍精度, 4
AIC, 119
alog1p, 41
C99規格, 19
CEベクトル, 150
CG法, 87
C言語, 2
Euler-Maclaurinの総和則, 67
expm1, 40
f2c, 40
FMD, 28
FORTRAN, 2
Fused Multiply-Add, 28
Gauss則, 63, 65
gradual underflow, 27
Hadamardの有限部分積分, 70
IEEE754, 24
IEEE方式, 3
IMSL, 38
Intel, 5
$I_n(z)$, 49
$J_n(x)$, 47
$J_n(z)$, 49

索 引

Kahan の補償付き総和法, 32
$K_\nu(x)$, 49
LAPAC, 87
LU 分解法, 73
Mathematica, 110
MATLAB, 108, 139
Motorola, 5
NaN, 26
NetNUMPAC, 20
NUMPAC, 20, 38, 64, 70, 71, 87, 104, 106, 144, 157
ode113 (MATLAB), 139
ode23s (MATLAB), 139
Runge の関数, 56, 60
Scilab, 108
sind, 46
sinq, 46
$\sin x$, 43
SOR 法, 87
SSLII, 38
subnormal number, 26
void, 12
$Y_\nu(x)$, 49
$Y_n(x)$, 47

数値計算のつぼ	編 者　二宮　市三 ⓒ2004
	著 者　二宮　市三・吉田　年雄 　　　　長谷川武光・秦野　甯世 　　　　杉浦　　洋・櫻井　鉄也
	発行者　南條光章
2004 年 1 月 25 日　初版 1 刷発行 2006 年 9 月 20 日　初版 3 刷発行	発行所　共立出版株式会社 　　　　東京都文京区小日向 4–6–19 　　　　電話　東京 3947 局 2511 番（代表） 　　　　郵便番号 112–8700 ／振替 00110–2–57035 　　　　URL http://www.kyoritsu-pub.co.jp/
	印　刷　啓文堂 製　本　関山製本
検印廃止 NDC 007.64 ISBN 4–320–12088–4	NSPA　社団法人 　　　　自然科学書協会 　　　　会員 Printed in Japan

---

JCLS　<㈱日本著作出版権管理システム委託出版物>
本書の無断複写は著作権法上での例外を除き禁じられています。複写される場合は，そのつど事前に
㈱日本著作出版権管理システム（電話03-3817-5670，FAX 03-3815-8199）の許諾を得てください。

■数学関連書

http://www.kyoritsu-pub.co.jp/　共立出版

数学小辞典	矢野健太郎編
数学 英和・和英辞典	小松勇作編
共立 数学公式 附函数表 改訂増補	泉 信一他編
新装版 数学公式集	小林幹雄他共著
数(すう)の単語帖	飯島徹穂編著
素数大百科	SOJIN編訳
黄金分割	柳井 浩訳
My Brain is Open	グラベルロード訳
カッツ数学の歴史	上野健爾他監訳
代数方程式のガロアの理論	新妻 弘訳
復刻版 近世数学史談・数学雑談	高木貞治著
高校数学＋α 基礎と論理の物語	宮腰 忠著
大学新入生のための数学入門 増補版	石村園子著
やさしく学べる基礎数学	石村園子著
Ability 大学生の数学リテラシー	飯島徹穂編著
数列・関数・微分積分がビジュアルにわかる基礎数学のI II III (ワンツースリー)	江見圭司他著
ベクトル・行列がビジュアルにわかる線形代数と幾何	江見圭司他著
クイックマスター線形代数 改訂版	小寺平治著
テキスト線形代数	小寺平治著
明解演習線形代数	小寺平治著
やさしく学べる線形代数	石村園子著
詳解 線形代数の基礎	川原雄作他著
詳解 線形代数演習	鈴木七緒他編
代数学の基本定理	新妻 弘他訳
代数学講義 改訂新版	高木貞治著
群・環・体 入門	新妻 弘他著
演習 群・環・体 入門	新妻 弘著
ツイスターの世界	高崎金久著
カー・ブラックホールの幾何学	井川俊彦訳
じっくり学ぶ曲線と曲面	中内伸光著
素数の世界 第2版	吾郷孝視訳編
ユークリッド原論 縮刷版	中村幸四郎他訳・解説
我が数, 我が友よ	吾郷孝視訳編
数論入門講義	織田 進訳
初等整数論講義 第2版	高木貞治著
明解演習微分積分	小寺平治著
クイックマスター微分積分	小寺平治著
テキスト微分積分	小寺平治著
大学新入生のための微分積分入門	石村園子著
やさしく学べる微分積分	石村園子著
初歩からの微分積分	小島政和他著
詳解 微積分演習 I・II	福田安蔵他編
ルベーグ積分超入門	森 真著
物理現象の数学的諸原理	新井朝雄著
差分と超離散	弘田良吾他著
演習で身につくフーリエ解析	黒川隆志他著
やさしく学べる微分方程式	石村園子著
詳解 微分方程式演習	福田安蔵他編
微分方程式と変分法	高桑昇一郎著
微分方程式による計算科学入門	三井斌友他著
MATLABによる微分方程式とラプラス変換	芦野隆一他著
数学の基礎体力をつけるためのろんりの練習帳	中内伸光著
ビギナーのための統計学	渡邉宗孝他著
やってみよう統計	野田一雄他著
統計学の基礎と演習	濱田 昇他著
集中講義！統計学演習	石村貞夫著
Excelで楽しむ統計	中村美枝子他著
看護師のための統計学	三野大來著
Excelで学ぶやさしい統計処理のテクニック 第2版	三輪義秀著
明解演習数理統計	小寺平治著
データ分析のための統計入門	岡太彬訓他著
データマイニングの極意	上田太一郎編著
データマイニング事例集	上田太一郎著
データマイニング実践集	上田太一郎著
新装版 ゲーム理論入門	鈴木光男著
数値計算のつぼ	二宮市三編
数値計算の常識	伊理正夫他著
Excelによる数値計算法	趙 華安著
これなら分かる最適化数学教室	金谷健一著
これなら分かる応用数学教室	金谷健一著
Windows版 統計解析ハンドブック 基礎統計	田中 豊他編
Windows版 統計解析ハンドブック 多変量解析	田中 豊他編
Windows版 統計解析ハンドブック ノンパラメトリック法	田中 豊他編

共立叢書 現代数学の潮流

編集委員：岡本和夫・桂　利行・楠岡成雄・坪井　俊

数学には、永い年月変わらない部分と、進歩と発展に伴って次々にその形を変化させていく部分とがある。これは、歴史と伝統に支えられている一方で現在も進化し続けている数学という学問の特質である。また、自然科学はもとより幅広い分野の基礎としての重要性を増していることは、現代における数学の特徴の一つである。「共立講座 21世紀の数学」シリーズでは、新しいが変わらない数学の基礎を提供した。これに引き続き、今を活きている数学の諸相を本の形で世に出したい。「共立講座 現代の数学」から30年。21世紀初頭の数学の姿を描くために、私達はこのシリーズを企画した。これから順次出版されるものは伝統に支えられた分野、新しい問題意識に支えられたテーマ、いずれにしても、現代の数学の潮流を表す題材であろうと自負する。学部学生、大学院生はもとより、研究者を始めとする数学や数理科学に関わる多くの人々にとり、指針となれば幸いである。

〈編集委員〉

離散凸解析
室田一雄著・318頁・定価3990円（税込）
【主要目次】序論（離散凸解析の目指すもの）／組合せ構造とは（離散凸関数の歴史）／組合せ構造をもつ凸関数／離散凸集合／M凸関数／L凸関数／共役性と双対性／ネットワークフロー／アルゴリズム／数理経済学への応用

可積分系の機能数理
中村佳正著／224頁・定価3780円（税込）
【主要目次】序論／モーザーの戸田方程式研究：概観／直交多項式と可積分系／直交多項式のクリストフェル変換とqdアルゴリズム／dLV型特異値計算アルゴリズム／特異値分解I-SVDアルゴリズム／結論

積分方程式　逆問題の視点から
上村　豊著／304頁・定価3780円（税込）
【主要目次】Abel積分方程式とその遺産／Volterra積分方程式と逐次近似／非線形Abel積分方程式とその応用／Wienerの構想とたたみこみ方程式／乗法的Wiener-Hopf方程式／分岐理論の逆問題／付録

代数方程式とガロア理論
中島匠一著／444頁・定価3990円（税込）
【主要目次】代数方程式／多項式の既約性／線型空間／体の代数拡大／体の代数拡大／ガロア理論／ガロア理論の応用／付録A．必要事項のまとめ

リー代数と量子群
谷崎俊之著／276頁・定価3780円（税込）
【主要目次】リー代数の基礎概念（包絡代数）／リー代数の表現／可換リー代数のウェイト表現／生成元と基本関係式で定まるリー代数／他）／カッツ・ムーディ・リー代数／有限次元単純リー代数／アフィン・リー代数／量子群

グレブナー基底とその応用
丸山正樹著／272頁・定価3780円（税込）
【主要目次】可換環（可換環とイデアル／可換環上の加群／多項式環／素元分解環／動機と問題）／グレブナー基底／消去法とグレブナー基底／代数幾何学の基本概念／次元と根基／自由加群の部分加群のグレブナー基底／層の概説

多変数ネヴァンリンナ理論とディオファントス近似
野口潤次郎著／276頁・定価3780円（税込）
【主要目次】有理型関数のネヴァンリンナ理論／第一主要定理／微分非退化写像の第二主要定理／他

超函数・FBI変換・無限階擬微分作用素
青木貴史・片岡清臣・山崎 晋共著／322頁・定価4200円（税込）
【主要目次】多変数整型函数とFBI変換／超函数と超局所函数／超函数の諸性質／無限階擬微分作用素／他

続刊テーマ（五十音順）

アノソフ流の力学系	松元重則
ウェーブレット	新井仁之
極小曲面	宮岡礼子
剛性	金井雅彦
作用素環	荒木不二洋
写像類群	森田茂之
数理経済学	神谷和也
制御と逆問題	山本昌宏
相転移と臨界現象の数理	田崎晴明・原 隆
代数的組合せ論入門	坂内英一・坂内悦子・伊藤達郎
特異点論における代数的手法	渡邊敬一・泊 昌孝
粘性解	石井仁司
保型関数特論	伊吹山知義
ホッジ理論入門	斎藤政彦
レクチャー結び目理論	河内明夫

（続刊テーマは変更される場合がございます）

◆各冊：A5判・上製本・220～330頁

http://www.kyoritsu-pub.co.jp/　　共立出版

新しい数学体系を大胆に再構成した教科書シリーズ!!

共立講座 21世紀の数学 全27巻

編集委員：木村俊房・飯高　茂・西川青季・岡本和夫・楠岡成雄

高校での数学教育とのつながりを配慮し、全体として大綱化（4年一貫教育）を踏まえるとともに、数学の多面的な理解や目的別に自由な選択ができるように，同じテーマを違った視点から解説するなど複線的に構成し、各巻ごとに有機的なつながりをもたせている。豊富な例題とわかりやすい解答付きの演習問題を挿入し具体的に理解できるように工夫した、21世紀に向けて数理科学の新しい展開をリードする大学数学講座！

❶ 微分積分
黒田成俊 著……定価3780円（税込）
【主要内容】　大学の微分積分への導入／実数と連続性／曲線，曲面／他

❷ 線形代数
佐武一郎 著……定価2520円（税込）
【主要目次】　2次行列の計算／ベクトル空間の概念／行列の標準化／他

❸ 線形代数と群
赤尾和男 著……定価3570円（税込）
【主要目次】　行列・1次変換のジョルダン標準形／有限群／他

❹ 距離空間と位相構造
矢野公一 著……定価3570円（税込）
【主要目次】　距離空間／位相空間／コンパクト空間／完備距離空間／他

❺ 関数論
小松 玄 著……続 刊
【主要目次】　複素数／初等関数／コーシーの積分定理・積分公式／他

❻ 多様体
荻上紘一 著……定価2940円（税込）
【主要目次】　Euclid空間／曲線／3次元Euclid空間内の曲面／多様体／他

❼ トポロジー入門
小島定吉 著……定価3150円（税込）
【主要目次】　ホモトピー／閉曲面とリーマン面／特異ホモロジー／他

❽ 環と体の理論
酒井文雄 著……定価3150円（税込）
【主要目次】　代数系／多項式と環／代数幾何とグレブナ基底／他

❾ 代数と数論の基礎
中島匠一 著……定価3780円（税込）
【主要目次】　初等整数論／環と体／群／付録：基礎事項のまとめ／他

❿ ルベーグ積分から確率論
志賀德造 著……定価3150円（税込）
【主要目次】　集合の長さとルベーグ測度／ランダムウォーク／他

⓫ 常微分方程式と解析力学
伊藤秀一 著……定価3780円（税込）
【主要目次】　微分方程式の定義する流れ／可積分系とその摂動／他

⓬ 変分問題
小磯憲史 著……定価3150円（税込）
【主要目次】　種々の変分問題／平面曲線の変分／曲面の面積の変分／他

⓭ 最適化の数学
伊理正夫 著……続 刊
【主要目次】　ファルカスの定理／線形計画問題とその解法／変分法／他

⓮ 統　計
竹村彰通 著……定価2730円（税込）
【主要目次】　データと統計計算／線形回帰モデルの推定と検定／他

⓯ 偏微分方程式
磯 祐介・久保雅義 著……続 刊
【主要目次】　楕円型方程式／最大値原理／極小曲面の方程式／他

⓰ ヒルベルト空間と量子力学
新井朝雄 著……定価3360円（税込）
【主要目次】　ヒルベルト空間／ヒルベルト空間上の線形作用素／他

⓱ 代数幾何入門
桂 利行 著……定価3150円（税込）
【主要目次】　可換環と代数多様体／代数幾何符号の理論／他

⓲ 平面曲線の幾何
飯高 茂 著……定価3360円（税込）
【主要目次】　いろいろな曲線／射影曲線／平面曲線の小平次元／他

⓳ 代数多様体論
川又雄二郎 著……定価3360円（税込）
【主要目次】　代数多様体の定義／特異点の解消／代数曲面の分類／他

⓴ 整数論
斎藤秀司 著……定価3360円（税込）
【主要目次】　初等整数論／4元数環／単純環の一般論／局所類体論／他

㉑ リーマンゼータ函数と保型波動
本橋洋一 著……定価3570円（税込）
【主要目次】　リーマンゼータ函数論の最近の展開／他

㉒ ディラック作用素の指数定理
吉田朋好 著……定価3990円（税込）
【主要目次】　作用素の指数／幾何学におけるディラック作用素／他

㉓ 幾何学的トポロジー
本間龍雄 他著……定価3990円（税込）
【主要目次】　3次元の幾何学的トポロジー／レンズ空間／良い写像／他

㉔ 私説 超幾何学関数
吉田正章 著……定価3990円（税込）
【主要目次】　射影直線上の4点のなす配置空間X(2,4)の一意化物語／他

㉕ 非線形偏微分方程式
儀我美一・儀我美保著 定価3990円（税込）
【主要目次】　偏微分方程式の解の漸近挙動／積分論の収束定理／他

㉖ 量子力学のスペクトル理論
中村 周 著……続 刊
【主要目次】　基礎知識／1体の散乱理論／固有値の個数の評価／他

㉗ 確率微分方程式
長井英生 著……定価3780円（税込）
【主要目次】　ブラウン運動とマルチンゲール／拡散過程Ⅱ／他

共立出版

■各巻：A5判・上製・204～448頁
http://www.kyoritsu-pub.co.jp/